HUMAN ENGINEERING

总主编 林家阳

人体工程学

唐 建　李晓慧 编著

中国轻工业出版社

图书在版编目（CIP）数据

人体工程学 / 唐建，李晓慧编著. —北京：中国轻工业出版社，2024.8

ISBN 978-7-5184-4167-9

Ⅰ. ①人… Ⅱ. ①唐… ②李… Ⅲ. ①工效学—高等学校—教材 Ⅳ. ①TB18

中国版本图书馆 CIP 数据核字（2022）第 195163 号

责任编辑：徐 琪　　　　责任终审：劳国强　　设计制作：锋尚设计
策划编辑：毛旭林　徐 琪　　责任校对：晋 洁　　责任监印：张 可

出版发行：中国轻工业出版社（北京鲁谷东街5号，邮编：100040）

印　　刷：艺堂印刷（天津）有限公司

经　　销：各地新华书店

版　　次：2024年8月第1版第1次印刷

开　　本：870×1140　1/16　印张：9

字　　数：220千字

书　　号：ISBN 978-7-5184-4167-9　定价：58.00元

邮购电话：010-85119873

发行电话：010-85119832　010-85119912

网　　址：http://www.chlip.com.cn

Email：club@chlip.com.cn

版权所有　侵权必究

如发现图书残缺请与我社邮购联系调换

201059J1X101ZBW

序一
PROLOG 1

中国的艺术设计教育起步于 20 世纪 50 年代，改革开放以后，特别是 90 年代进入一个高速发展的阶段。由于学科历史短，基础弱，艺术设计的教学方法与课程体系受苏联美术教育模式与欧美国家 20 世纪初形成的课程模式影响，呈现专业划分过细，实践教学比重过低的状态，在培养学生的综合能力、实践能力、创新能力等方面出现较多问题。

随着经济和文化的大发展，社会对于艺术设计专业人才的需求量越来越大，市场对艺术设计人才教育质量的要求也越来越高。为了应对这种变化，教育部将"艺术设计"由原来的二级学科调整为"设计学"一级学科，既体现了对设计教育的重视，也是进一步促进设计教育紧密服务于国民经济发展的必要。因此，教育部高等学校设计学类专业教学指导委员会也在这方面做了很多工作，其中重要的一项就是支持教材建设工作。

2021 年是"十四五"的开局之年，在教育部全面启动普通本科院校向应用型本科院校转型工作的大背景下，由林家阳教授任总主编的这套教材，在强调应用型教育教学模式、开展实践和创新教学，整合专业教学资源、创新人才培养模式等方面做了大量的研究和探索；一改传统的"重学轻术""重理论轻应用"的教材编写模式，以"学术兼顾""理论为基础、应用为根本"为编写原则，从高等教育适应和服务经济新常态，助力创新创业、产业转型和国家一系列重大经济战略实施的角度和高度来拟定选题、创新体例、审定内容，可以说是近年来高等院校艺术设计专业教材建设的力度之作。

设计是一门实用艺术，检验设计教育的标准是培养出来的艺术设计专业人才是否既具备深厚的艺术造诣，实践能力，同时又有优秀的艺术创造力和想象力，这也正是本套教材出版的目的。我相信在应用型本科院校的转型过程中，本套教材能对学生奠定学科基础知识、确立专业发展方向、树立专业价值观念、提升专业实践能力产生有益的引导和切实的借鉴，帮助他们在以后的专业道路上走得更长远，为中国未来的设计教育和设计专业的发展提供新的助力。

教育部高等学校设计学类专业教学指导委员会原主任
中国艺术研究院 教授／博导 谭平

序二
PROLOG 2

办学，能否培养出有用的设计人才，能否为社会输送优秀的设计人才，取决于三个方面的因素：首先是要有先进、开放、创新的办学理念和办学思想；其二是要有一批具有崇高志向、远大理想和坚实的知识基础，并兼具毅力和决心的学子；最重要的是我们要有一大批实践经验丰富、专业阅历深厚、理论和实践并举、富有责任心的教师，只有老师有用，才能培养有用的学生。

除了以上三个因素之外，还有一点也非常关键，不可忽略的，我们还要有连接师生、连接教学的纽带——兼具知识性和实践性的课程教材。课程是学生获取知识能力的宝库，而教材既是课程教学的"魔杖"，也是理论和实践教学的"词典"。"魔杖"通过得当的方法传授知识，让获得知识的学生产生无穷的智慧，使学生成为文化创意产业的有生力量。这就要求教材本身具有创新意识。本套教材是从设计理论、设计基础、视觉设计、产品设计、环境艺术、工艺美术、数字媒体和动画设计等方面设置的系列教材，在遵循各自专业教学规律的基础上做了不同程度的探索和创新。我们也希望在有限的纸质媒体基础上做好知识的扩充和延伸，通过本套教材中的案例欣赏、参考书目和网站资料等，起到一部专业设计"词典"的作用。

我们约请了国内外大师级的学者顾问团队、国内具有影响力的学术专家团队和国内具有代表性的各类院校领导和骨干教师组成的编委团队。他们中有很多人已经为本系列教材的诞生提出了很多具有建设性的意见，并给予了很多有益的指导。我相信以我们所具有的国际化教育视野以及我们对中国设计教育的责任感，能让我们充分运用这一套一流的教材，为培养中国未来的设计师奠定良好的基础。

教育部高等学校设计学类专业教学指导委员会原副主任
教育部职业院校艺术设计学类专业教学指导委员会原主任
同济大学教授 / 博导 林家阳

前言
PREFACE

新时代语境下迸发的新知识、新工具、新方法对设计类专业人才培养提出了新的要求与挑战。尤其在新工科、新文科等"四新"建设,以及国家"双万计划"等综合背景下,设计类专业人才培养需要在价值观塑造、知识学习和能力培养三个方面强力提升。本教材的编撰依托"人体工程学"国家一流课程建设,以纸质+数字化资源的新形式,适应新的专业建设要求。本教材广泛适用于建筑学、环境设计、工业设计等专业,可作为相关课程的配套教材使用,推动构建多维、立体的教材体系,持续提升课程教学成效。

教材编写紧密围绕课程建设中内容与体系两个方面目标进行策划。在新时代人才培养的新要求下,教材融入新工科、新文科等综合要素,体现在价值观塑造、知识学习和能力培养三个层次。编写思路注重专业基础知识与实践能力、创新能力的有机结合,循序渐进地引导学生科学、有效地完成课程学习。

在具体内容设置中,将中华传统美德、人文精神、优秀技艺工法等有机融入,以优秀传统文化培根铸魂,将深厚的文化底蕴、高度的社会责任感与使命感和创新意识,内化为学生的价值追求;在充分调研国内外经典教材的基础上,进一步强化课程的核心知识与技能,结合国内外相关学科专业知识的新发展,融入新时代所倡导的"物"的绿色和"人"的健康理念与方法,延伸、拓展了传统人体工程学课程的内涵;通过剖析人的结构功能、身体力学、社会心理等方面与环境设计的协调关系,以符合绿色、健康、高效、舒适的高质量发展需求,实现"人、机、环境"的和谐共生,强化理论与实践的综合能力培养,有效促进课程目标的达成,为设计学人才培养的创新发展打下基础。

教材章节安排采取 14 节 32 学时的方式,同时配以电子资源利于课程的讲授与学习。教材编排充分发挥艺术设计专业优势,编写团队绘制了大量插图、数据分析图表等阐释重要知识点的内容,同时广泛搜集国内外相关的优质图文资料重新处理、编排,信息准确、形式美观、可读性强,更形象直观地呈现教学内容,有利于知识点的有效输出,优化读者的阅读体验。

编者

课程计划

（32学时，14节）

章名	章节内容	课时分配	
第一章 人体工程学概述	第一节 定义与范畴	1	6
	第二节 形成与发展	2	
	第三节 研究内容与研究方法	3	
第二章 人体工程学基础知识	第一节 人体常态因素	2	18
	第二节 人体活动与空间	2	
	第三节 人的感官要素	2	
	第四节 行为与空间环境	2	
	第五节 感官与空间环境	4	
	第六节 心理与空间环境	2	
	第七节 健康与空间环境	2	
	第八节 通用设计原则	2	
第三章 人体工程学综合实践	第一节 家具、部品设计	2	8
	第二节 类型空间设计	4	
	第三节 空间品质综合评价	2	

目录
CONTENTS

说课视频

第一章　人体工程学概述	**9**
第一节　定义与范畴	10
第二节　形成与发展	11
一、人体工程学的形成	11
二、人体工程学的发展	11
三、我国人体工程学的发展	14
第三节　研究内容与研究方法	15
一、研究内容	15
二、研究方法	15
第二章　人体工程学基础知识	**17**
第一节　人体常态因素	18
一、人体测量学	18
二、人体尺寸	20
三、人体尺寸的差异	20
四、人体测量知识的应用	24
第二节　人体活动与空间	25
一、活动范围与作业域	25
二、人体活动与活动空间	28
第三节　人的感官要素	32
一、人的感觉与知觉	32
二、视觉与视觉环境	32
三、听觉与声环境	41
四、嗅觉与肤觉	44
第四节　行为与空间环境	49
一、环境行为学基础	49
二、行为方式	50
三、空间策略及案例分析	55
第五节　感官与空间环境	59
一、视觉与空间形式	59
二、听觉与声景营造	66
三、触觉与空间界面	70
四、感知与空间氛围	71
第六节　心理与空间环境	74
一、环境心理学基础知识	74
二、空间因素的心理影响	76
三、公共空间尺度与心理	77
四、个人空间与心理空间	78
第七节　健康与空间环境	79
一、人的生理系统	79
二、空气质量与生理健康	79
三、光环境与生理健康	82
四、舒适度与心理健康	82
第八节　通用设计原则	85
一、通用设计的概念	85
二、通用设计的原则	86
三、通用设计的应用	88

第三章 人体工程学综合实践	**89**	第三节 空间品质综合评价	139
第一节 家具、部品设计	90	一、功效评价POE	139
一、分类与类型	90	二、健康性评价与舒适性评价	140
二、家具的设计应用	91	三、其他评价指标	142
三、部品的设计应用	97	**参考文献**	**143**
第二节 类型空间设计	104	**后记**	**144**
一、居住空间	104		
二、公共空间	120		

第一章

人体工程学概述

第一节　定义与范畴

第二节　形成与发展

第三节　研究内容与研究方法

第一节 定义与范畴

按照国际工效学联合会（International Ergonomics Association，简称IEA）所下的定义，人体工程学是一门研究人在某种工作环境中解剖学、生理学和心理学等方面的各种因素；研究人和机器及环境的相互作用；研究在工作中、生活中怎样统一考虑效率、健康、安全和舒适等问题的科学。

人体工程学是一门技术科学，技术科学是介于基础科学和工程技术之间的科学类型。人体工程学强调理论联系实际，重视科学与技术的全面发展，它从基础科学、技术科学、工程技术这三个层次来进行探讨。与人体工程学有关的基础科学知识主要包括现代生理学、心理学、医学、系统工程学、人类学、社会学、行为学和管理学等。在工程技术方面，人体工程学已广泛运用到各行各业。除此之外，从各门学科之间的横向关系看，人体工程学的最大特点是联系了关于人和物的两大类科学，试图解决人与机械、人与环境之间不和谐的矛盾。综合来看，人体工程学是研究"人—机—环境"中三大要素之间的关系，为该系统中人的效能、健康问题提供理论方法的科学，为了进一步阐释定义，需要对其中包含的几个概念：人、机、环境、系统、效能和健康，做以下解释。

1. 人、机、环境

在人、机、环境三要素中，"人"是指作业者或使用者。人的生理、心理、行为特征以及人适应机器（尤其是人工机器）和环境的能力都是基础研究课题。但当人面对不断被破坏的自然环境时，人的自觉、自律能力上升为更重要的研究课题。"机"原指机器，但比一般技术术语的意义要广泛，它包括人操作和使用的一切产品和工程系统。"机"的外延随时代的发展会越来越广泛，其内涵也反映出更深层次的人文追求。"环境"是指人们工作和生活的环境，例如照明、温度、空间及设施等物理和化学环境，也包括自然环境以及经济、政治和文化等社会环境。

2. 系统

"系统"即由相互作用和相互依赖的若干组成部分结合而成，是具有特定功能的有机整体。它在人体工程学的语境中被认为是最重要的概念。人体工程学不是孤立地研究人、机、环境这三个要素，而是从系统的总体高度，将它们看成一个相互作用、相互依存的整体，而这个"系统"本身又是它所属更大系统的一个组成部分。人体工程学不仅从系统的角度研究人、机、环境三要素之间的关系，也从系统的高度研究各个要素，因而人体工程学需要不断地从其他学科中吸取大量的知识来充实自己，以适应社会发展需要。

3. 效能

"效能"主要是指人的作业效能，即人按照一定要求完成某项作业时所表现出的效率和成绩，工人的作业效能由其工作效率和产量来测量。一个人的效能决定工作性质。人的能力、工具和工作方法，决定于人、机、环境三个要素之间的关系是否能得到妥善处理。

4. 健康

"健康"包括人的身心健康，也包括人的安全。近年来，人的心理健康受到广泛重视。心理因素直接影响生理健康和作业效能，因此，人体工程学不仅要研究某些因素对人的生理损害，例如强噪声对听觉系统的直接损伤，还要研究这些因素对人心理的伤害，例如有的噪声虽不会直接伤害人的听觉，却会造成心理干扰，引起人的应激反应。此外，人们在生产生活中可能引发的安全问题也是研究的重中之重。人体工程学着重研究造成安全事故的人为因素。

上述几个基本概念的阐释可以帮助我们更好地理解人体工程学的定义。关键问题分为两点：第一，人体工程学是在人与机器、环境不协调，甚至存在严重矛盾的历史条件下逐步形成、建立起来的，直至今天仍在不断发展。第二，人体工程学研究的重点是系统中的人。

第二节 形成与发展

一、人体工程学的形成

人体工程学的形成首先源于人和工具或者"人造物"之间的关系。恩格斯在《自然辩证法》中指出,劳动创造了人类本身,而劳动是从制造工具开始的。自从人类着手制作工具,工具就体现了它的两个最根本的特征:第一,工具应具有人们对其规定的使用功能;第二,工具必须适合人的生理特点(如适合手或脚使用等)。人类社会就是在不断地改造自然物,使之为人类自身服务的过程中发展起来的。在改造过程中要解决的主要问题之一,即人与物的相互适应问题。人机矛盾的本质就是人和工具发展的不平衡造成的矛盾。

从某种意义上说,人类技术发展的历史也就是人体工程学发展的历史。自英国工业革命以来,由于手工业的工业化,促使生产线作业普遍发展。虽然当时的生产线大大提高了工作效率,却形成操作过程单调、反复的特点。例如,英国1840年生产的机床只考虑机器的自身功能,而忽略人的高度与手臂的长度。除此之外,现代社会中机床和货物吊装等设备在使用时都存在着极大的隐患。这些事实告诉人们,机械为人支配和使用,应该适应人的要求。设计任何设备系统都不能仅着眼于机械和设施本身,而是要充分了解使用者是否能方便、安全、自由、正确地使用。

二、人体工程学的发展

(一)萌芽阶段

人体工程学的形成本源基于人与工具(或称"人造物")之间的矛盾。人类早期打制石器工具的取材与形制体现了当时简单的社会分工下劳动者主动设计工具的意识(图1-1)。工具被制造出来并不断得到改进,使其更适合使用,并获得更大功效。但受限于低水平生产力的简陋工具仅仅被当作处于次要位置的"器物",使用功效取决于人的技能技巧,即"百工之事,皆圣人之作。"(《周礼·考工记》)因此在当时尚属萌芽阶段的人机关系中,人因处于主导地位。

(二)经验人体工程学

19世纪后期,一系列的发明、发现为西方工业的迅速发展提供了新技术基础,机械化的生产方式和机器大工业日趋成熟,并转而追求效率(图1-2)。这时的机械设计多以功能的实现为目标,机械生产出来后,让人去适应机器,以它们的运转来决定与调节工人的生产活动。生产的效率与节奏完全由机器所决定,操作者只能被动地跟随机器的节奏工作,以便使机器充分发挥其效率。由于机器设计没有充分考虑人的因素,对操纵机器的工人必须加以选拔与训练,并要尽量创造条件使他们保证机器高效率工作。

20世纪初,美国学者弗雷德里克·温斯洛·泰勒(Frederick Winslow Taylor,1856—1915)(图1-3)在传统管理方法的基础上,首创了新的管理方法和理论,并据此制定了一整套以提高工作效率为目的的操作方法,考虑了人使用的机器、工具、材料及作业环境的标准化问题。例如,他曾经研究过铲子的最佳形状、重量,研究过如何减少由于动作不合理而引起的疲劳等。其中,比较典型的是"铁锹作业试验研究"。1898年,他用形状相同而铲量不同的四种铁锹(每次可铲重量分别为5千克、10千克、17千克和30千克),分别去铲同样一堆煤。试验结果显示,用10千克的铁锹铲煤效率最高,因此他设计了

图1-1 用勒瓦娄哇技术打制而成的石器
注:勒瓦娄哇(Levallois)是一种剥片技术,出现在20万—30万年前整个欧亚地区的考古记录中。

图1-2　卓别林《摩登时代》剧照，展现了高效的机械化大生产对人类的影响　　　图1-3　F. W. 泰勒（Frederick. W. Taylor）

大小不同的铁锹，以适应装卸不同的物料。此后，泰勒还进行过搬运生铁的研究，通过制定每次的搬运量、搬运速度、休息时间，使作业者充分发挥劳动潜力，从而提高工作效率。

其后，随着生产规模的扩大和科学技术的进步，科学管理的内容不断充实丰富，其中动作时间研究、工作流程与工作方法分析、工具设计、装备布置等都涉及人和机器、人和环境的关系问题，且都与如何提高人的工作效率有关，其中有些原则至今仍对人类工程学研究有一定意义。因此，人们认为他的科学管理方法和理论是后来人机工程学发展的奠基石。

在经验人机工程学发展阶段，研究者大多是心理学家，其中突出的代表是美国哈佛大学心理学教授雨果·孟斯特伯格（Hugo Munsterberg，1863—1916），在其代表作《心理学与工业效率》中，提出了心理学对人在工作中的适应与提高效率的重要性。孟斯特伯格的心理学研究工作与泰勒的科学管理方法联系起来，解决了选拔、培训人员与改善工作条件、减轻疲劳等实际问题。但他们的理论研究与管理方法并没有明确提出"使机器适应于人的思想"，而过多地强调了工人对机器或工作的适应这一阶段的主要特点：机器设计的主要着眼点在于力学、电学、热力学等工程技术方面的优选上，在人机关系上是以选拔和培训操作者为主，使人适应机器。

（三）科学人体工程学

人体工程作为一门学科，其成熟前期的基础性发展是在第二次世界大战期间。当时，由于战争的需要，武器系统越来越庞大、复杂。例如，美国制造的战斗机，仪表及控制装置有100多个，驾驶员的负担过重。对于这样复杂的武器，一方面，由于显示、联络及操作部分的设计不符合人的生理、心理特点，设计时没有很好地考虑操作方法而造成操作程序的混乱，不仅给士兵训练带来很大的困难，而且导致大量武器事故的发生。另一方面，减少作业事故，对作业方法、作业时间及作业安全的研究本身也是一场争夺胜负的竞赛，因此，主要武器生产国都建立和发展了专门的机构对武器设计及生产中的人体工程学问题进行研究。

1949年，阿尔方斯·查帕尼斯（Alphonse Chapanis）等合著的《应用实验心理学：工程设计中人的因素》一书，系统地论述了人体工程学的基本理论和方法，为人体工程学作为一个独立的学科奠定了理论基础。1957年，麦考米克（McCormick）发表的《人类工程学》是第一部关于人体工程学的权威著作，标志着这一学科已进入成熟阶段。

1949年，英国在克-马勒等人倡导下，首先成立了人体工程学研究会；1953年，联邦德国成立了人体工程学会；1957年，美国成立了人的因素协会（HFS）。到20世纪60年代，这一学科已在世界范围内普遍发展起来：1960年，国际工效学联合会建立；1961年，第一次国际人体工程学会议在斯德哥尔摩举行；1962年，苏联的全苏技术美学研究所成立并建立了人体工程学学部；1963年，日本建立了人体工学学会，同年，法国也建立了人体工程学会。科学人体工程学一直延续到20世纪50年代末。在其发展的后一阶段，由于战争的结束，学科的综合研究从军事领域向非军事领域发展，并逐步把应用在军事领域的研究成果用来解决工业与工程设计中的问题，如飞机、汽车、机械设备、建筑设施以及生活用品等。人们还提出在设计工业机械设备时也应集中运用工程技术人员、医学家、心理学家等相关学科专家的共同智慧。这一阶段的主要特点是：重视工业与工程设计中"人的因素"，力求使机器适应于人。

（四）现代人体工程学

20世纪60年代以后，随着科学技术的飞速发展。电子计算机应用的普及，工程系统进一步复杂，其自动化程度不断提高，一系列新科学迅速崛起，这不仅为人体工程学注入了新的研究理论、方法和手段，也提出了一系列新的人因研究课题。随着人体工程学所涉及的研究和应用领域的不断扩大，从事本学科研究的专家所涉及的学科和专业也就越来越多，主要有解剖学、生理学、心理学、工业卫生学、工业与工程设计、工作研究、建筑与照明工程、管理工程等。国际工效学联合会在其会刊中指出，现代人体工程学发展有三个特点，不同于传统人体工程学研究中着眼于选择和训练特定的人，使之适应工作要求，现代人体工程学着眼于机械装备的设计，使机器的操作不超出人类能力界限之外；密切与实际应用相结合，通过严密计划设定的广泛实验性研究，尽可能利用所掌握的基本原理进行具体的机械装备设计；建立心理学、生理学、功能解剖学与物理学、数学、工程学方面研究人员的密切合作。

国际工效学联合会从1960年成立至今，先后召开了10届国际性会议，英国、美国、德国、日本、法国等许多国家的人体工程学会均与其建立了联系。从1975年成立国际人体工程学标准化技术委员会（ISO/CT—159）开始，至1986年，制定了多个标准草案或建议，并发布《工作系统设计的人体工程学原则》，作为人体系统设计的基本方针。此外，许多国家设立了专门的人体工程学研究机构并相继制定了本国的人体工程学国家标准。目前，人体工程学已被广泛应用于国防、交通运输、工业、航天航空、农业、建筑等各个领域。

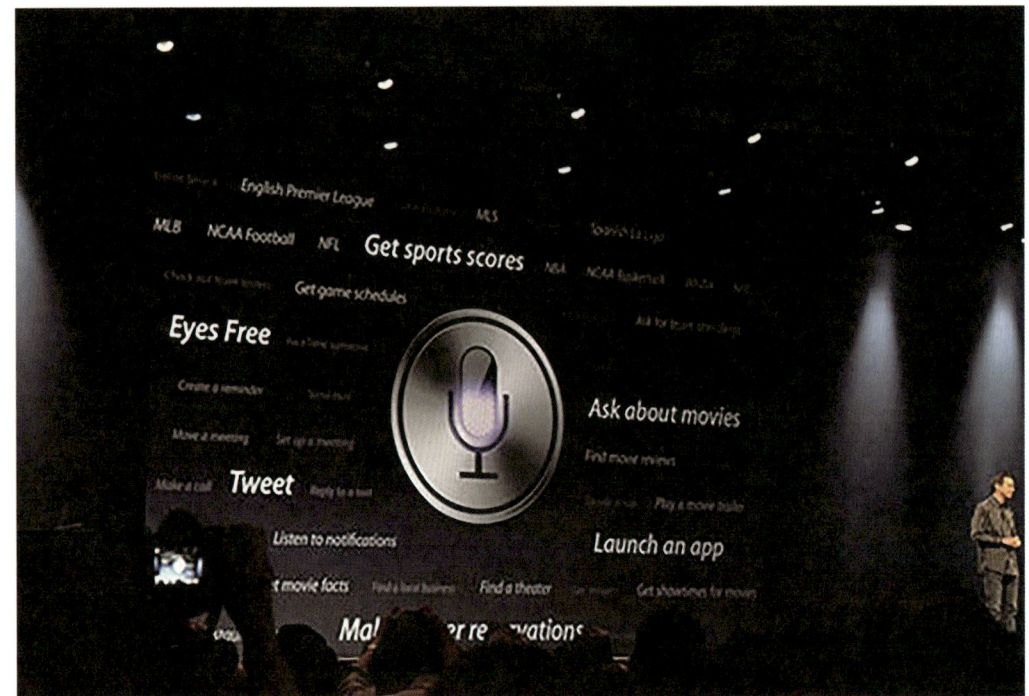

图1-4 智能语音助手展示

现代人体工程学把"人—机—环境系统"作为统一的整体来研究,把人机相互适应的柔性设计提高到人—机—环境的系统设计高度,以创造最适合于人操作的机械设备和作业环境,使人—机—环境系统和谐统一,从而获得系统最佳的综合使用效能(图1-4)。

三、我国人体工程学的发展

目前,国内对这门学科的称呼主要有"人体工程学"和"人机工程学"两种,"人体工程学"多用于室内外环境设计、建筑设计、家具设计等领域,"人机工程学"多用于机械工程、工业设计等领域。为避免学科差异所形成的误解,本书以"人体工程学"来命名。人体工程学在我国起步较晚,在20世纪60年代国防科委有关研究所曾结合飞机设计做过有关人体工程学的实验研究工作。但直到20世纪80年代初,各高校及科研院所开始建立人体工程学研究室,人体工程学才正式被确立为一门学科。1980年,封根泉编著的我国第一本人体工程学专著《人体工程学》出版。1981年,中国科学院心理学研究所和中国标准化综合研究所共同建立了"中国人类工效学标准化技术委员会",并与国际人体工程标准化技术委员会(CIEA)建立了联系。1984年,国防科工委成立了"国家军用人—机—环境系统工程专业标准化技术委员会"。从1985年建立中国人类工效学标准化技术委员会,至1988年,我国已制定有关国家标准22个。1989年,我国成立中国人类工效学学会。中国科学院心理学研究所及一些高等院校也建立了人体工程学研究机构,开设了人体工程学课程。有关人体工程学方面的出版物也日益增多。进入21世纪以来,我国人体工程学已应用于许多部门,并取得了不少可喜成绩。

第三节　研究内容与研究方法

一、研究内容

人体工程学是系统的综合研究，可以分为人、机、环境三个子系统，各自独立为一门学科，即人的科学、技术工程学及环境科学。这三个子系统相互交叉，又构成三个系统，即人—机系统、人—环境系统、机—环境系统。这三个系统的综合交叉构成人—机—环境的整体系统。其中，人、机、环境每个局部的功能由各个子系统的结构所决定，而整个人机系统的功能则由人—机—环境系统的结构所决定。因此，对人体工程学而言，既需要对人、机、环境每个部分的属性进行深入研究，又需要对人机系统的整体结构及其属性进行研究，以达到总体优化的目的。人体工程学的研究内容可被解析为以下三方面。

（一）生理人体工程学

生理人体工程学（physical ergonomics）涉及人体解剖学、人体测量学、人体生理学、生物力学等学科。相关课题包括：工作姿势、物料搬运、动作重复、劳损性肌肉——骨骼症候群、工作环境安全与健康。

（二）认知人体工程学

认知人体工程学（cognitive ergonomics）关注人的智力过程（mental processes），诸如知觉（perception）、记忆（memory）、推理（reasoning）以及运动反应（motor response）等因素，这些因素影响着系统中人与其他因素的互动模式。相应的研究课题包括脑力劳动负荷（mental workload）、决策模式（decision making）、技能水平（skiled performance）、人的可靠度（humanreliabilty）、工作与训练强度（work stress and training），这些课题都与人体系统、人体互动的设计相关。

（三）组织管理工程学

组织管理工程学（organisational ergonomics）这一研究方向关注社会与技术系统的优化，包括组织结构、政策、程序三个方面。相关的课题包括：信息交流、人力资源管理、岗位设计、工作体系、时间安排、团队协作、资源共享、社区管理、工作协调、机构虚拟、远程办公、质量管理等。

二、研究方法

人体工程学的研究不仅广泛采用了与人体科学和生物科学等相关学科类似的研究方法，也采用了系统工程、控制论、统计学等学科常用方法。

（一）询问法

询问法是指调查者通过与被调查者的谈话，评价被调查者对某一特定环境、条件的反应。这个方法需要具备丰富的沟通经验，并且要对询问的问题、先后顺序和具体的提法做好充分准备；对所调查的问题采取绝对客观的态度；对被调查者要热情，与其建立友好的关系。这种方法能帮助调查者整理思路，对了解一些容易忽视的细节问题特别有效。

（二）实验法

实验法是在人工设计的环境中测试实验对象的行为或反应的一种研究方法。一般在实验中进行，也可以在作业现场进行，具体包括人对各种仪表值的认读速度、误读率与仪表显示的量度、对比度、仪表指针和表盘的形状、人的观察距离、观察者的疲劳程度和心情等关系的研究。

（三）观察法

观察法是通过直接或间接的观察，记录自然环境中被调查对象的行为表现、活动规律，然后对观察和记录的结果进行分析研究的方法。其优势在于能客观地观察并记录被调查对象的行为保证其不受任何干扰。根据调查目的，可采用恰当的方法进行，有时也可借助摄影或摄像等手段。

（四）测试法

测试法是指根据研究内容，对典型生产生活环境中的人进行测试调查，收集那些在特定环境中的反应和表现，从中分析产生的原因和差异。测试法可根据实际情况采取个体测试、小组测试或抽样测试等不同形式。

（五）模拟和模拟试验法

模拟方法包括对各种技术和装置的模拟，对某些操作系统进行仿真试验，它便于获取更符合实际的数据，例如训练模拟器、各种人体模型、机械模型、计算机模拟等。

（六）分析法

分析法是在上述各种方法中获得一定的资料和数据后采用的一种研究方法。目前，人体工程学常采用如下几种分析法：瞬间操作分析法、知觉与运动信息的分析法、动作负荷分析法、频率分析法、危象分析法、相关分析法等。

第二章

人体工程学基础知识

第一节　人体常态因素
第二节　人体活动与空间
第三节　人的感官要素
第四节　行为与空间环境
第五节　感官与空间环境
第六节　心理与空间环境
第七节　健康与空间环境
第八节　通用设计原则

第一节　人体常态因素

一、人体测量学

（一）人体测量学的定义

人体测量学（anthropometry）是用测量和观察的方法描述人类体质特征状况的人类学分支学科，是一门用来确定人体尺寸与几何关系、人群形态特征与规律、人体力量值的测量科学。其内容包括骨骼测量、活体测量、关节活动度测量、皮褶厚度测量、体力测定、生理测定，以及人在各种活动状态下身体各部位活动范围的动态测量。

（二）人体测量学的建立

人体测量学是一门建立在悠久历史渊源之上的新兴学科。人类很早就开始对人体尺寸与比例进行研究，时间可以追溯至两千多年前。在我国现存最早的医学典籍《黄帝内经》的《骨度篇》中已有关于人体测量的记载（图2-1），在谈及人体经络时注意到了人们个体间的差异。

在约公元前6世纪的西方，古希腊毕达哥拉斯学派也曾不断地用数学去发现和追求"美"的形式，提出了"黄金分割率"。位于古希腊雅典卫城的帕提农神庙是运用黄金分割最典型的代表作品。神庙从外形到建筑立面，包括柱式、门窗、石阶等全部按黄金分割率来建造，其中柱式是对人体比例最完美的反映，揭示了古希腊人本主义世界观中一个重要的美学观点——人体具有最美的比例。

公元前1世纪，古罗马建筑师维特鲁威（Marcus Vitruvius Pollio）在总结了当时的建筑经验后写成了世界上第一部完整的建筑学著作《建筑十书》。在这本书中他首次谈道："最和谐优美的比例存在于人体，因此建筑应该依照人体各部分的比例关系去建造。"书中还总结了人体结构的比例规律，从建筑学的角度对人体尺寸进行了较完整的论述，并且发现了人体是以肚脐为中心：一个成年男子挺直身体、双手侧向平伸的长度恰好就是其身体高度，双手和双足的指尖正好在以肚脐为圆心的圆周上。意大利文艺复兴时期伟大的先驱列奥纳多·达·芬奇（Leonardo di ser Piero da Vinci）根据维特鲁威的叙述创作了著名的人体比例图《维特鲁威人》（图2-2）。除此之外，维特鲁威还运用数学关系具体说明了古希腊早期三种柱式各部分的比例，不仅包括柱式的总体尺度、宽与高的关系，更深入研究了柱子凹槽的位置以及其他装饰细节。此外，许多哲学家、数学家、艺术家均从美学角度对人体尺寸进行研究，积累了大量数据，为人体测量学的诞生奠定了前期理论基础。

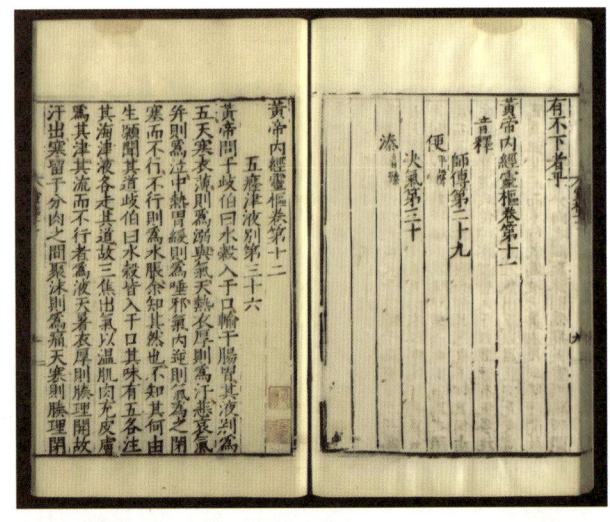

图2-1　《黄帝内经》清刻本

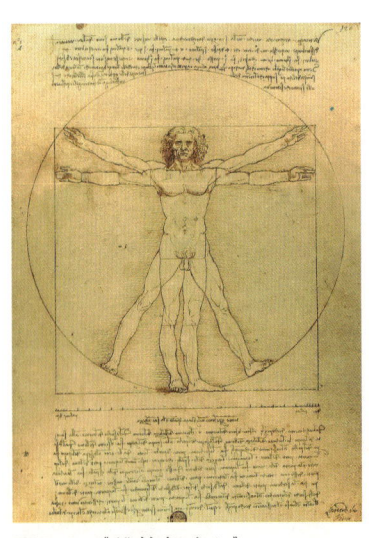

图2-2　《维特鲁威人》

人体测量学的创立以比利时数学家奎特莱特（Quitlet）于1870年发表的《人体测量学》一书为标志。从19世纪末到20世纪初期，为建立人体测量统一的国际标准，各国人类学家召开了多次国际会议，直到1912年在日内瓦召开的第十四届国际史前人类学与考古学会议上，这项工作基本完成。德国人类学家马丁（Martin）对人体测量学的贡献最为显著，在编著的《人类学教科书》（1914年发行第1版）中，详细阐述了人体测量的方法，成为世界各国沿用至今的人体测量方法基础。

20世纪40年代人体测量学逐渐由理论转入应用学科。"二战"期间，由于航空和军事工业产品的生产对设计适应人体尺寸提出了更高的要求，迫切地需要人体尺寸的数据，以便作为军械器件设计的依据，进一步推动了人体测量学的研究和发展。"二战"以后，人体测量学的成果从军事工业领域出发，在人们的日常生活和工作环境中得到了广泛的应用，进一步拓宽了研究领域。设计师们也认识到人体尺寸在设计中的重要性，将研究成果应用到了整个室内外环境设计、家具设计和产品设计中，这不仅提高了建筑室内外环境的质量，而且还为确定空间尺度、从事家具和工业产品设计、节约材料和成本提供了科学合理的依据。由此可见，人体测量学经过长期的发展，已成为设计的基础。

（三）人体测量数据标准

人体尺寸是空间设计的重要依据。由于人体尺寸数据的科学性和适用性异常重要，设计需要掌握具体的某个人或某个群体（国家、民族、职业）的准确数据，要对不同背景的个体和群体进行细致的测量和分析，以得到他们尺寸特征、差异和分布的规律，并对其进行归类总结，应用于设计实践，使庞杂的数据具有实际意义。目前，许多国家都已有本国的人体尺寸国家标准，我国于1988年发布了相应的国家标准GB/T1000—1988《中国成年人人体尺寸》。

我国现有标准体系对老年人群体关注不足。在人体静态尺寸方面，国家标准化管理委员会已经针对儿童和成年人的人体尺寸分别发布了适用范围为4～17岁的《中国未成年人人体尺寸》（GB/T26158—2010）和适用范围为18～60岁男性、18～55岁女性的《中国成年人人体尺寸》（GB/T10000—1988），但缺少针对老年人的人体静态尺寸的相关国家标准。对此部分学者进行了小范围测量。在人体动态尺寸方面，除了有针对成年人的《工作空间人体尺寸》（GB/T13547—92）外，儿童和老年人的各类动态尺寸都缺乏相关标准，并且学术研究测量中也几乎没有涉及。

（四）人体测量方法

由于我国幅员辽阔、人口众多、地区差异较大，人体尺寸随着年龄、性别、地区等因素的影响呈现出多样性的特征，且生活水平的提高也促使人体尺寸不断发生变化。因此，要获取全国范围内人体各部位尺寸的平均测定值是一项繁重而复杂的工作（图2-3）。

1. 测量工具与仪器

根据国标GB/T570-4.1～5704.4—2008《人体测量仪器》的规定，人体测量工具有人体测高仪、体重计、软尺、人体测量用的直角规、人体测量用的

图2-3 人体测量

弯角规、人体测量用的三角平行规、人体测量用的角度计等。

2. 测量内容

根据人体测量的数据来源和人体测量学的要求，人体测量内容主要包含以下三个方面：

形态测量——包括人体尺寸、体重体形、体积表面积等。
生理测量——包括直觉反应、肢体体力、体能耐力、疲劳和生理节律等。
运动测量——包括动作范围、各种运动特定等。

3. 测量姿势和项目

人体测量方法决定了其所获得数据的科学性与严谨性。如身体坐高测量值的变化与该尺寸定义就有较大的关系，其中起关键作用的是坐的姿势。例如在成年男子群体中，坐高的差别可达到6cm以上。因此，不同的测量值适用于不同的使用目的。在设计中使用人体尺寸时需确定采用何种测量方法，以选择正确的尺寸。为了保证人体尺寸的准确性，人体测量姿势和相应项目应具有统一而详尽的规定。例如在国标GB/T5703—2023《用于技术设计的人体测量基础项目》中，对人体尺寸测量的被测者衣着和支撑面、基准轴和基准面、测量姿势等都有相应规定。

（1）测量姿势
基本测量姿势为直立姿势（立姿）和正坐姿势（坐姿）。进行人体测量时要求被测者保持规定的标准姿势，不穿鞋袜，着单薄的内衣；测量立姿的时候要站立在地面或平台上；测量坐姿的时候座椅的平面要为水平面，且稳固、不可压缩。

立姿：被测者挺胸直立，头部以眼耳平面定位，眼睛平视前方，肩部放松，上肢自然下垂，手伸直。掌心朝向体侧，手指轻贴大腿外侧，腰部自然伸直，左右足后跟并拢、前端分开，约呈45°角，体重均匀分布于两足。测量时，为确保直立姿势正确，应使被测者足后跟、臀部和后背部在同一平面上。

坐姿：被测者挺胸端坐在调节到排骨高度的平面上，头部以眼耳平面定位，眼睛平视前方，左右大腿接近平行，膝弯曲大致呈直角，足平放在地面上，手轻放在大腿上。测量时，为确保坐姿正确，应使被测者足臀部和后背部在同一水平面。

（2）测量项目
在具体实际操作中，国标GB/T5703—2023《用于技术设计的人体测量基础项目》中对56个人体部位的测量项目逐一作了定义说明，并对测量方法和仪器等进行相应的严格规定。其中列出立姿测量项目12项（含体重），坐姿测量项目17项，特定体部测量项目14项（含手、足、头）、功能测量项目13项（含颈、胸、腰、腕、腿等维度）。

二、人体尺寸

（一）构造尺寸

构造尺寸指静态的人体尺寸，是人体处于固定的标准状态下测量的，主要为人体各种装具设备的设计提供数据。在室内环境设计中最有用的10项人体构造尺寸是：身高、体重、坐高、臀部至膝盖长度、臀部的宽度、膝盖高度、膝弯高度、大腿厚度、臀部至膝弯长度、肘间宽度。

（二）功能尺寸

功能尺寸指动态的人体尺寸，由肢体运动的角度和距离相互协调产生，对于大多数设计问题有广泛的用途。人可以通过运动能力扩大自己的活动范围，在这种前提下，只根据人体结构尺寸去解决一切空间范围及位置问题是不科学的，需要有功能尺寸作为参考。常用人体功能尺寸（动态测量数据）包括：立姿、坐姿、单腿跪姿、仰卧等。

三、人体尺寸的差异

在具体设计中需要充分考虑影响人体尺寸的诸多复杂因素，进行具体的、细致的分析工作。由于遗传、种族、经济条件与社会环境等影响，形成了个人与个人之间，群体与群体之间在人体尺寸上的差异，集中体现在以下几个方面。

（一）种族差异

不同种族的人们因其生存的地理环境、保有的生活习惯、具备的经济条件、遗传基因等特征不同，形成了具有明显差异性的体形特征、人体比例、身高绝对值等人体尺寸。如越南人的平均身高为1605mm，比利时人的平均身高为1799mm，差幅达到了194mm。甚至在相近和相同的民族之间也存在着一些差异，如我国北方人的平均身高比南方人的平均身高要高。

（二）世代差异

一个不可否认的事实是现在的子女普遍比父母长得高。近百年所观察和得到的数据表明，欧洲居民每10年普遍身高增加了10～14mm。因此，如果使用三四十年前的人体数据会导致相应的错误。形成这种世代差异的原因与社会经济发展、家庭收入条件、营养状况等因素对身体发育的影响息息相关。

（三）年龄差异

人在不同的年龄阶段身体状况的差异十分明显。年龄变化最明显的是青少年时期，也是身高增长最快的时期。女性一般在20岁，男性在30岁左右会停止身高的生长（图2-4）。之后随着年龄的增加身高开始减缩，但体重、宽度及围长尺寸却开始增加。因此，在进行某项设计时必须将使用者的年龄因素纳入思考范畴。比如对工作空间的设计应尽量使其适应于20～65岁的人。儿童与老年人这两个群体的年龄段差异更应该引起我们的注意。由于儿童好动且处于生长发育期，在设计一些公共环境（如幼儿园、学校等）和儿童用具时，更应该充分考虑其安全性和舒适性。如5岁儿童的头部直径尺寸约为140mm，所以栏杆的间距设计至少为110mm，才能阻止儿童头部

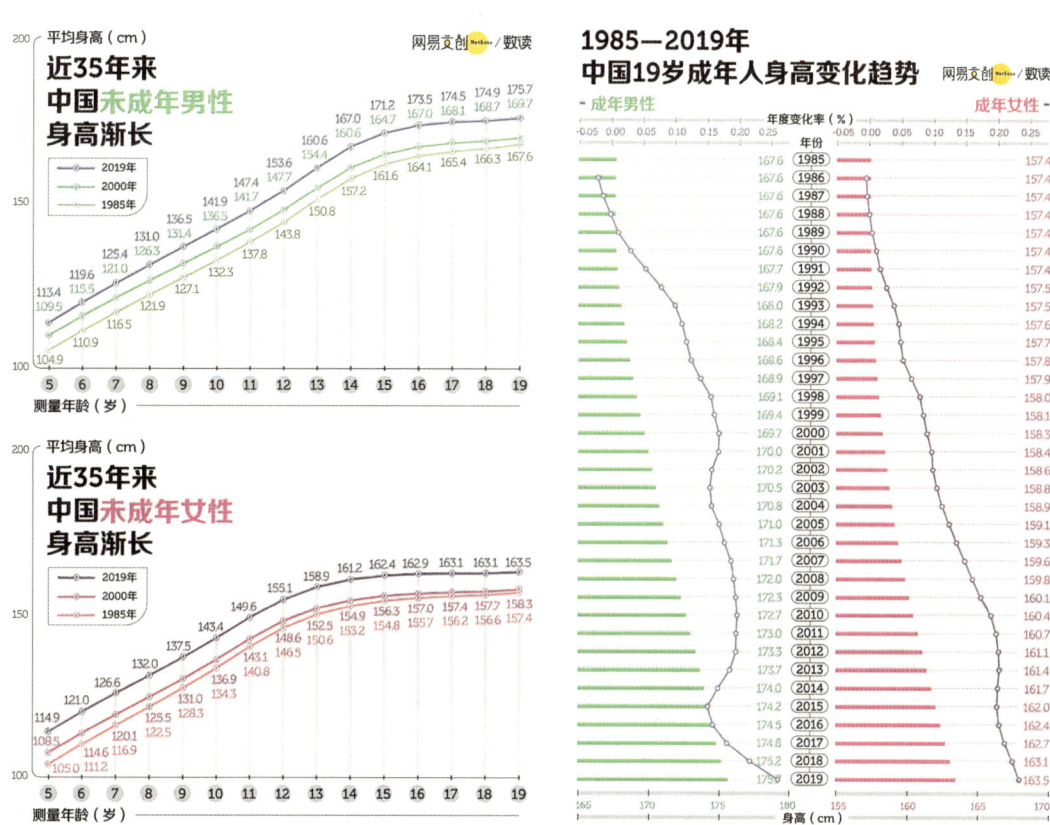

数据来源：非传染性疾病风险控制协作组织（NCD-Risc）

图2-4　近35年我国未成年人身高数据趋势分析

钻过，发生危险。另外，随着人的寿命增加，人口老龄化越来越明显。老年人群体生理机能退化导致其对空间使用要求的针对性更高，年龄差异、健康差异以及社会属性差异加大了空间使用需求的差异性。老年人多方面的差异使得适老化设计的精细化成为必然，且体现为功能最优化和空间组织高效化，以便老年人在日常生活环境中尽可能感受到安全和舒适。梳理老年人人体工程学数据将有效促进适老化设计的精细化提升，从而提高人文关怀。在设计一些家庭的空间环境和家具时，应充分考虑老年人的身高减缩、身围加大、肌肉力量退化、手脚所能触及的空间范围变小、弯腰蹲下较困难等身体特征。其中，老年妇女群体需要重点考虑。

（四）性别差异

人体工程学尺寸的性别差异对精细化、人性化设计具有重要意义。3~10岁这一年龄阶段男女的尺寸差别极小，同一数值对两性均适用。两性身体尺寸的明显差别从10岁开始。一般女性的身高比男性低10cm左右，调查表明，女性与身高相同的男性相比，身体比例是不同的，女性臀部较宽、肩窄，躯干较男性长，四肢较短（图2-5）。在设计中应注意这种差别。根据经验，在腿的长度起作用的地方，考虑女性的尺寸非常重要。

（五）残疾人

在世界范围内，残疾人约占到总人口的1/10。因此，残疾人是一个无法忽视的社会群体，需要引起设计师的特别关注。1/10这一比例包括了所有的残疾类型，对人体基本尺寸影响较大、感知更敏感的残疾类型主要是与行动能力有关的残疾人，如肢体残疾。

1. 乘轮椅的残疾人

因为这类残疾人有四肢瘫痪或部分肢体瘫痪，程度不一样，级别、类型也不同，设计时要全面考虑肌肉机能障碍程度和由于乘轮椅对四肢的活动带来的影响等因素。其中重要的是确定适当的手臂能够得到的距离、各种间距及其他一些尺寸。这要将人和轮椅一并

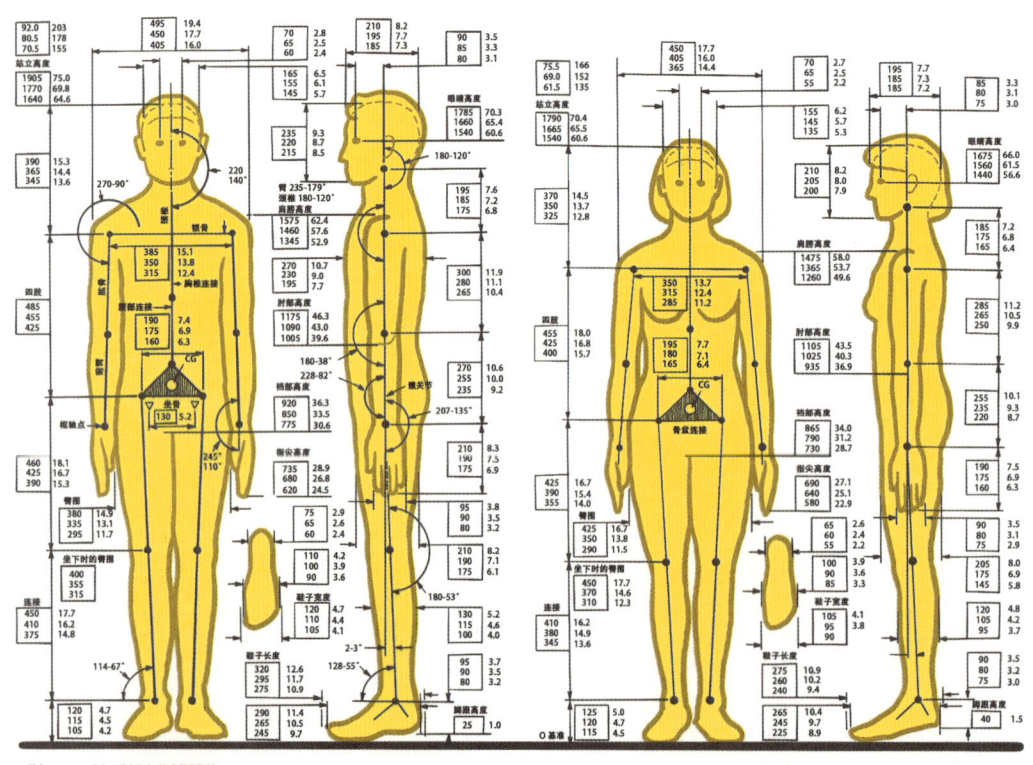

图2-5 男女人体基本尺度差异

考虑，因此对轮椅本身的结构尺寸也应有一些了解。需要注意的是大多数乘轮椅的人活动时不能保持身体挺直，相应地，人体各部分也不是水平或垂直的，因此不能想当然地按能够保持正常姿态的普通人的坐姿来设想尺寸（图2-6）。

2. 能走动的残疾人

对于能走动的残疾人，必须考虑他们的日常行走方式，如是使用拐杖、手杖、助步车、支架还是用导盲犬辅助。诸如此类的客观因素是满足这类残障人士基本需求的重要部分，因此为了实现此类残障人士的舒适化、健康化生活诉求，除去应掌握的基本人体测量数据之外，还应将这些外在工具当作整体思考范畴的关键部分来考虑。

关于残疾人的设计问题，有专门的学科对其进行研究，称为无障碍设计。无障碍设计已经形成相当系统的体系。另外，有关行为障碍设施的设计仅仅定位于残疾人的观念也是不够全面的，实际上在现实社会中，很多的人，如老年人，由于身体功能的退化使行为能力受到限制，也需要借助无障碍设施。同时由于社会老龄化的发展，这类问题也会渐渐成为社会问题。因此，在很多的环境设施中都要考虑行为障碍者的问题。

（六）职业差异

不同职业的工作性质、强度、模式等具有差异性，这些差异同样会反映在人体测量数据中。通常情况下，体力劳动者的身体尺寸要比脑力劳动者的稍大些；军人、运动员、模特的身高要比其他职业的人群高，视觉比例上更修长。

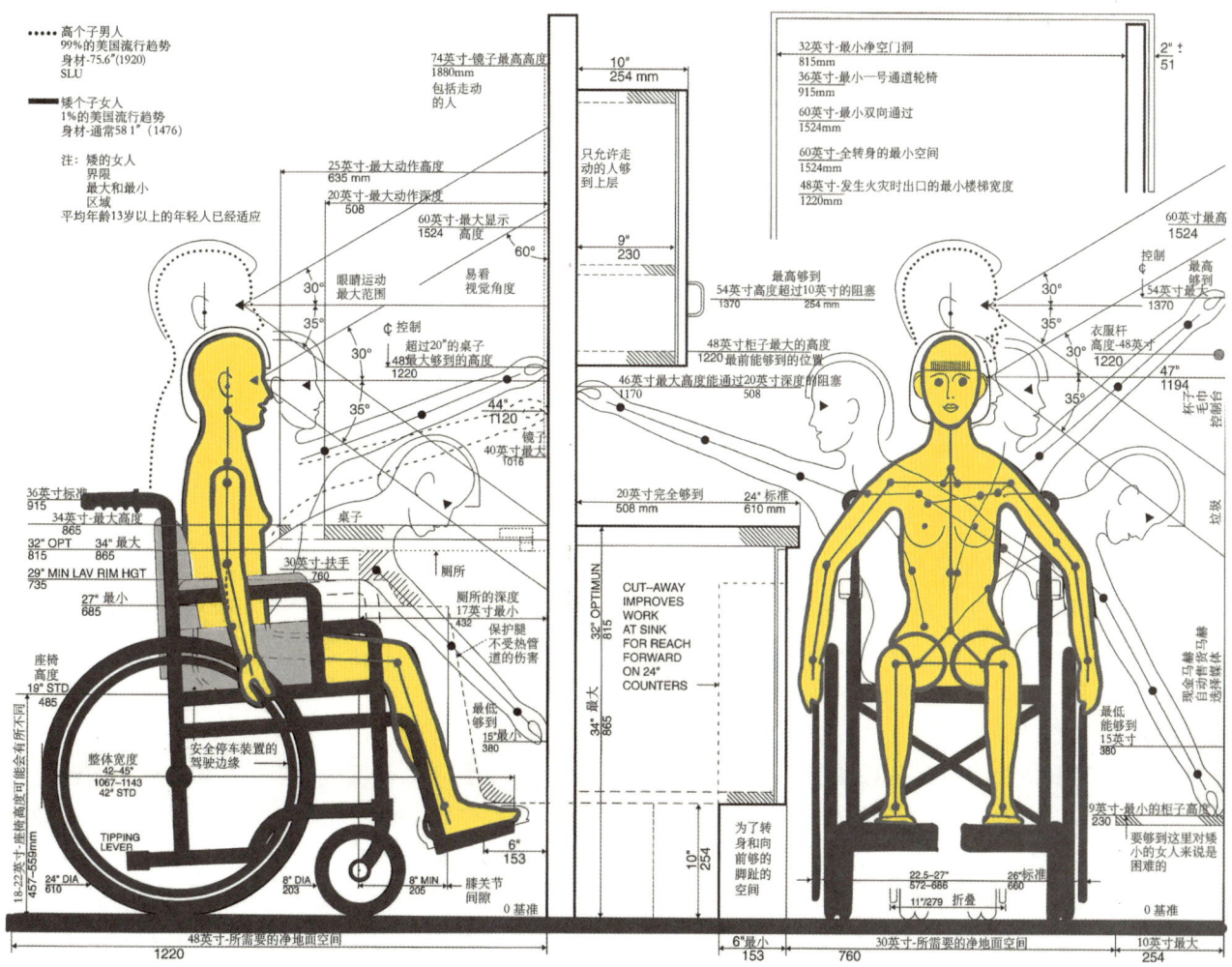

图2-6 残疾人乘轮椅时的尺寸

（七）地理环境

中国地域辽阔，人口众多，生态环境、经济生活以及历史文化背景迥异。不同的地理空间造就了我国各民族具有形态学上的不同特征。自叶恭绍首次阐明中国普通人群的身高、体重呈现北高南低态势以来，已有诸多类似报道，均谓与地球纬度成正相关，世界范围内纬度越高，身高越高。经比对我国田径男女不同分组项目运动员身高、体重及克托莱指数，结果显示：短跨、跳跃、投掷、中长距离、超长距离及全能项目的男女运动员身高指标均存在显著的南北差异，呈现明显的北高南低的态势，即北方明显大于南方，这表明我国田径男女不同分组项目的运动员的身高、体重及克托莱指数具有地域分布特点。

四、人体测量知识的应用

（一）百分位

百分位表示具有某一人体尺寸和小于该尺寸的人占统计对象总人数的百分比。大部分的人体测量数据是按照百分位表达的。把研究对象分成100份，根据一些指定的人体尺寸项目（如身高），从最小到最大顺序排列，进行分段，每一段的截止点即为一个百分位。百分位数的意义就在于，我们可以了解到某一个样本在整个样本集合中所处的位置或者某一个样本组的值大概是如何分布的。

（二）平均人

数据中第50百分位数据不代表"平均人"的尺寸。第50百分位只能说明你所选择的某一项人体尺寸有50%的人适用，不能说明其他。统计学表明，任意一组特定对象的人体尺寸，其分布规律符合正态分布规律，即大部分属于中间值，只有一小部分属于过大和过小的值，它们分布在范围的两端。分别是第5百分位和第95百分位，第5百分位表示身材较小的，即有5%的人低于此值；第95百分位表示身材较高大的，即有5%的人高于此值。在设计上满足所有人的要求是不可能的，但必须满足大多数人，即必须从中间部分取用能够满足大多数人的尺寸数据作为依据，因此一般都是舍去两头，只取用涉及中间90%、95%或99%的大多数人的数据，排除少数人。应该排除多少视具体情况而定，需综合考量数据覆盖的局限所导致的后果。

（三）数据应用原则

1. 极端设计原则

在不涉及使用者健康和安全时，设计应该尽量适合于尽可能多的使用者，选用适当偏离极端百分位的第5百分位和第95百分位作为界限值较为适宜。当某设计特性的最大值必须满足所有人时，应按照人体尺度的最大值进行设计，如门的高度、公共过道的宽度、承重设施的载重量等，通常按照第95百分位的男性尺度设计；当某设计特性的最小值必须满足所有人时，应按照人体尺度的最小值进行设计，如公交车上把手的高度、操作者到控制器的距离、操作控制所需的力量等，通常按照第5百分位的女性尺度设计。当人体尺度在上述界限值之外、可能会危害其健康或增加事故风险时，其尺寸界限应扩大到第1百分位和第99百分位，如运转着的工业机械旁的作业空间、操作者到紧急制动杆的距离等。在不涉及使用者健康和安全时，选用适当偏离极端百分位的第5百分位和第95百分位作为界限值，能够简化加工制造过程，降低生产成本。

2. 可调范围设计原则

为了使设计适合尽可能多的使用者，有时设计对象的特定性质在一定范围可以调整，如办公座椅的高度、汽车驾驶室内座椅的前后位置等，此时通常使用从第5百分位的女性尺度到第95百分位的男性尺度作为可调整的范围。由于男性与女性的身体尺寸存在**重叠**部分，这一可调范围能满足95%的人的尺度。

3. 非平均设计原则

设计中一般不对所有设计尺寸采用人体尺寸的平均值。以汽车驾驶室为例，在考虑仪表台下的空间高度时，必须取人体尺寸的高百分位，以防止高大尺度的驾驶人员的腿与仪表台互相干涉；而计算油门和刹车控制与座椅的距离时，则必须取人体尺寸的低百分位，以防止较小尺度的驾驶人员的腿无法伸及。因此，在设计中不能简单地采用人体尺寸的平均值。"平均人"即平均尺寸的人体是不存在的。虽然绝大多数的人的尺寸并不是所有人的尺寸的平均值，但一些具有应用普遍性的设计可以采用第50百分位的人体尺寸数据作为依据，如柜台的高度、台阶的跨度、电源插座的位置等。

第二节 人体活动与空间

一、活动范围与作业域

（一）常用人体尺寸数据

常用的人体尺寸数据包括身高、眼睛高度、肘部高度、挺直坐高、肩宽、肘间距、臀宽、膝盖高度、臀部到小腿、臀部距离膝盖、垂直手握高度、侧向手握距离等（表2-1～表2-3）。

表2-1　　人体主要尺寸数据

测量项目	18~60岁（男）			18~55岁（女）		
	5%	50%	95%	5%	50%	95%
身高/mm	1583	1678	1775	1484	1570	1659
上臂长/mm	289	313	338	262	284	302
前臂长/mm	216	237	258	193	213	234
大腿长/mm	428	465	505	402	438	476
小腿长/mm	338	369	403	313	344	376
体重/kg	48	59	75	42	52	66

表2-2　　人体主要水平尺寸数据

测量项目	18~60岁（男）			18~55岁（女）		
	5%	50%	95%	5%	50%	95%
胸宽/mm	253	280	315	233	260	299
胸厚/mm	186	212	245	170	199	239
肩宽/mm	344	375	403	320	351	377
最大肩宽/mm	398	431	469	363	397	438
臀宽/mm	282	306	334	290	317	346

续表

测量项目	18～60岁（男）			18～55岁（女）		
	5%	50%	95%	5%	50%	95%
坐姿臀宽/mm	295	321	355	310	344	382
坐姿两肘间宽/mm	371	422	489	348	404	478
胸围/mm	791	867	970	745	825	949
腰围/mm	650	735	895	659	772	950
臀围/mm	805	875	970	824	900	1000

表2-3　　人体站姿主要尺寸数据

测量项目	18～60岁（男）			18～55岁（女）		
	5%	50%	95%	5%	50%	95%
眼高/mm	1474	1568	1664	1371	1454	1541
肩高/mm	1281	1367	1455	1195	1271	1350
肘高/mm	954	1024	1096	899	960	1023
手功能高/mm	680	741	801	650	704	757
会阴高/mm	728	790	856	673	732	792
胫骨点高/mm	409	444	481	377	410	444

（二）肢体的作业域

1. 肢体活动角度

人的肢体活动是协调多个关节的联合运动。肢体活动的角度值分为轻松值、正常值和极限值。轻松值多用于使用频率高的场所；正常值则用于使用频率一般的场所；极限值常用于不经常使用，但涉及安全或限制的场所。此项数据在解决视野、踏板行程、扳杆的角度等问题上较为重要。

2. 肢体活动范围

人的肢体围绕关节转动而划出的范围，即肢体活动所占用的空间范围，它由活动角度和肢体长度构成（图2-7）。以上肢作业为例，此时的动作在某一限定范围内均呈弧形，而形成包括左右水平面和上下垂直面动作范围一定的领域，叫人的作业域。而由作业域扩展到人机系统的全体所需的最小空间即为作业空间。一般来说，作业域是包括在作业空间中的。作业域是二维的，作业空间是三维的。

（1）水平作业域

水平作业域指人于台面前，左右运动手臂而形成的轨迹范围。手尽量外伸所形成的区域为

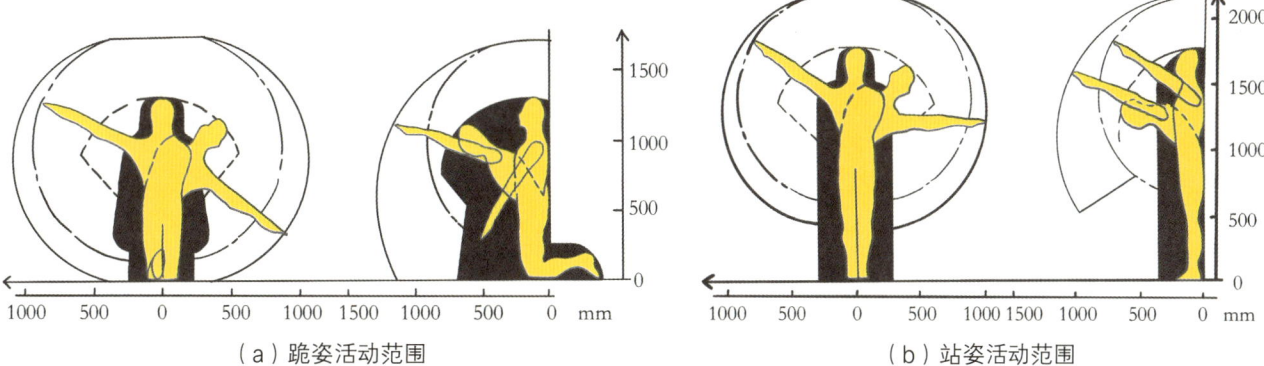

（a）跪姿活动范围　　　　　　　　　（b）站姿活动范围

图2-7　肢体活动范围

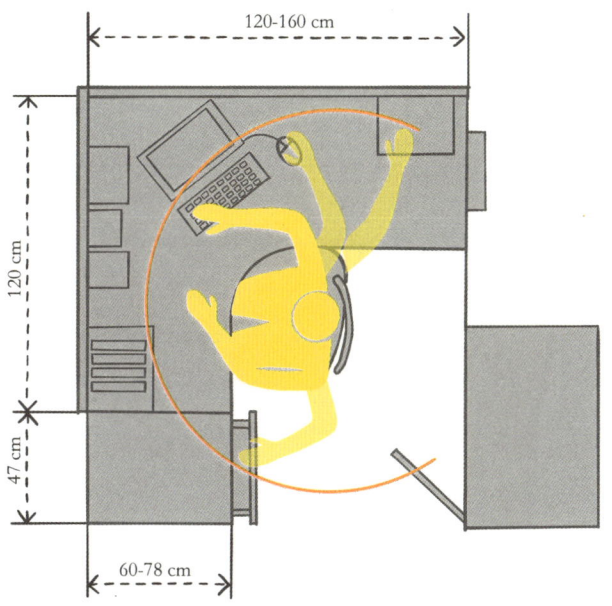

图2-8　人体水平作业域

最大水平作业域，而手臂自然放松运动所形成的为通常水平作业域（如写字板、键盘等手活动频繁的活动区应安排在此区域内）。以通常的手臂活动范围为标准，桌子的宽度有40cm便足够（图2-8）。

（2）垂直作业域
垂直作业域指手臂伸直，以肩关节为轴作上下活动所形成的范围。其可以用来确定空间中手臂可触及的物体高度，如搁板、挂件、门拉手等。设计直臂抓握的作业时，应以身材较小的人为依据，即以第5百分位的尺寸为准（图2-9）。

垂直作业域与摸高（手举起时达到的高度）是设置各种柜架、扶手和控制装置的主要依据。除此之外，用手拿东西和操作时通常需要视线的引导，因此架子的高度男不得超过150～160cm，女不得超过140～150cm。需要视线引导的还有抽屉与拉手的高度，一般办公室用家具抽屉与拉手的高度为100cm，家庭用家具抽屉与拉手的高度为80～90cm比较合适，幼儿园的还要低一些。

此外，垂直作业域还受下列情况影响：

①在活动空间内工作用具的使用情况；
②一定范围内活动行程的距离；
③手的操作方式是持着荷载还是移动荷载；
④能触及目标的最佳位置。

（三）人体作业效率

如何提高人体的作业效率是作业环境设计的研究目的，但人体肌肉作业的效率通常只有20%～25%，为了最大程度提高作业效率，减少人体的能量消耗，在进行作业环境设计时一般应遵循的法则如下：

①对于任何形式的人体活动，只要用力较大，则人体活动的方式应尽量与肌肉产生最大肌力所需的活动方式相一致；
②应使肌肉处于自然状态的长度，这一条在实际作业中极难做到；
③避免不必要的加速度和减速度。对于手臂和腿，应适宜做回转运动，尽量减少往复运动；
④使用惯用手比非惯用手拿东西速度要快约10%；
⑤提起重物的姿势和方法是手抓稳重物，提起时保持直腰、身体尽量伸直、尽量弯膝的正确姿势。手抓握

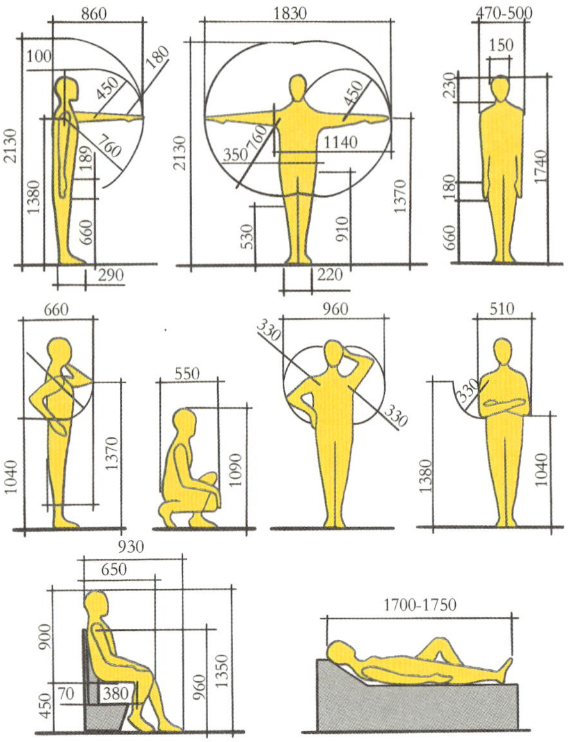

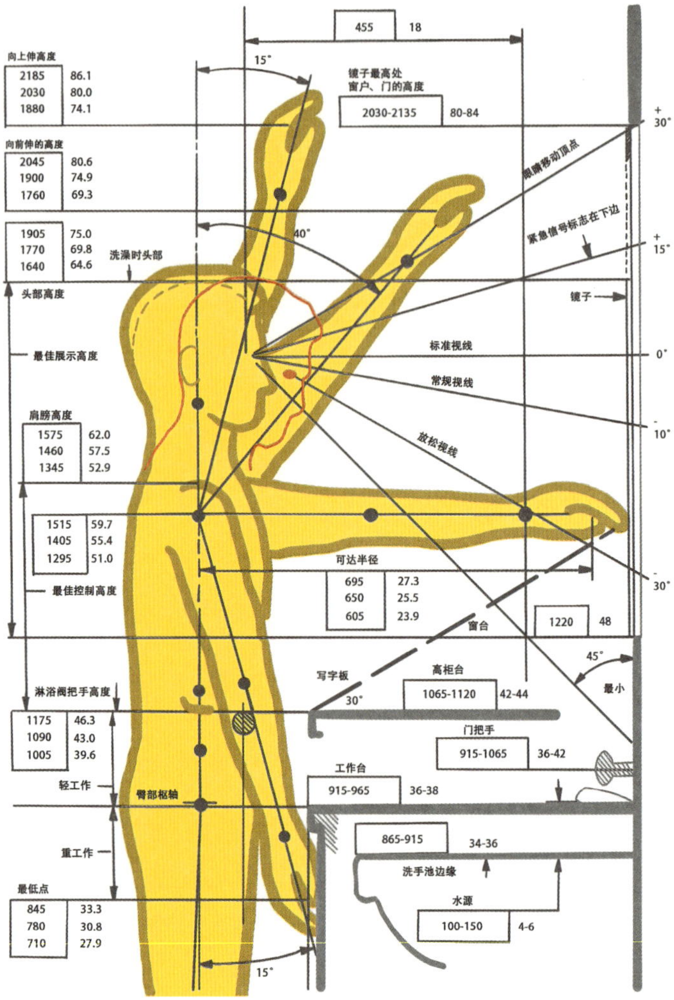

图2-9 人体垂直作业域

重物的部位应高于地面40～50cm，同时身体尽量靠近重物（保持脊柱的S形曲线）（图2-10）。

在实际的劳动中，在规定正确的作业方式、科学的训练提高作业效率的同时，还必须考虑人的性别、年龄、身体素质上的差异性。

二、人体活动与活动空间

（一）人体活动

1. 基本姿态

人体的基本姿态包括立位、坐位、跪位、卧位等。当人采取某种姿态时即占用一定的空间，通过对基本姿态的研究，我们可以了解人在一定姿态时手足活动占

图2-10 举起重物的动作分解

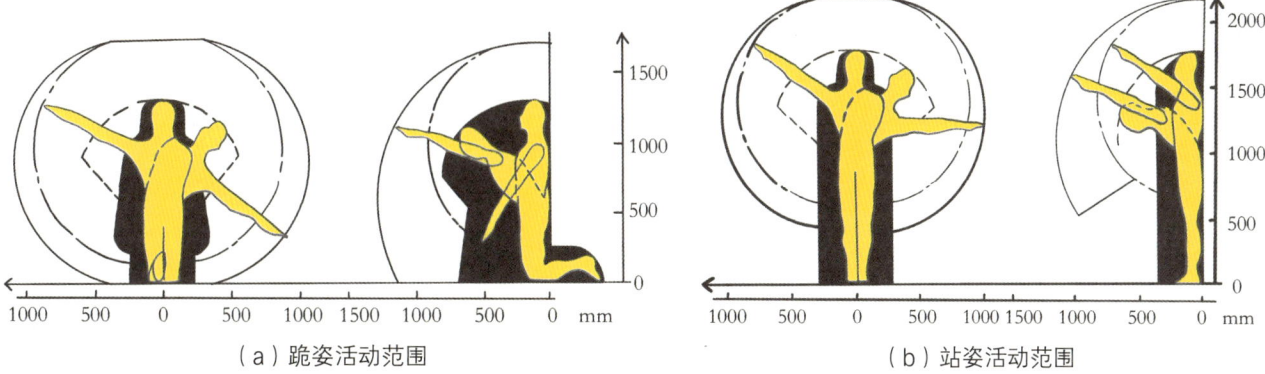

（a）跪姿活动范围　　　　　　　　　　（b）站姿活动范围

图2-7　肢体活动范围

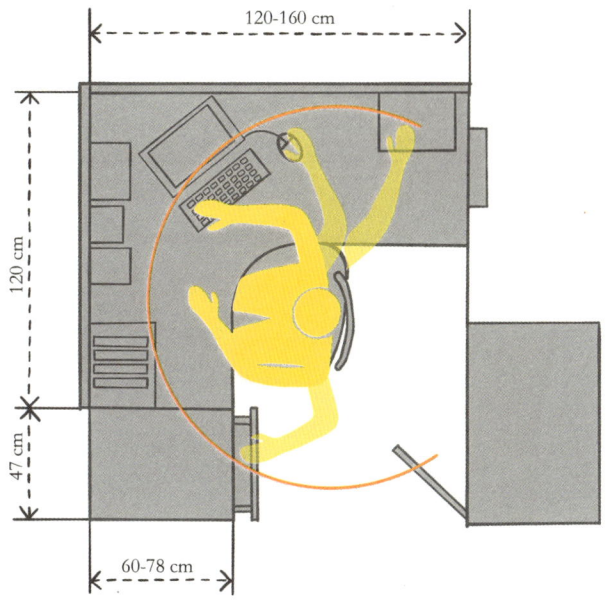

图2-8　人体水平作业域

最大水平作业域，而手臂自然放松运动所形成的为通常水平作业域（如写字板、键盘等手活动频繁的活动区应安排在此区域内）。以通常的手臂活动范围为标准，桌子的宽度有40cm便足够（图2-8）。

（2）垂直作业域

垂直作业域指手臂伸直，以肩关节为轴作上下活动所形成的范围。其可以用来确定空间中手臂可触及的物体高度，如搁板、挂件、门拉手等。设计直臂抓握的作业时，应以身材较小的人为依据，即以第5百分位的尺寸为准（图2-9）。

垂直作业域与摸高（手举起时达到的高度）是设置各种柜架、扶手和控制装置的主要依据。除此之外，用手拿东西和操作时通常需要视线的引导，因此架子的高度男不得超过150～160cm，女不得超过140～150cm。需要视线引导的还有抽屉与拉手的高度，一般办公室用家具抽屉与拉手的高度为100cm，家庭用家具抽屉与拉手的高度为80～90cm比较合适，幼儿园的还要低一些。

此外，垂直作业域还受下列情况影响：

①在活动空间内工作用具的使用情况；
②一定范围内活动行程的距离；
③手的操作方式是持着荷载还是移动荷载；
④能触及目标的最佳位置。

（三）人体作业效率

如何提高人体的作业效率是作业环境设计的研究目的，但人体肌肉作业的效率通常只有20%～25%，为了最大程度提高作业效率，减少人体的能量消耗，在进行作业环境设计时一般应遵循的法则如下：

①对于任何形式的人体活动，只要用力较大，则人体活动的方式应尽量与肌肉产生最大肌力所需的活动方式相一致；
②应使肌肉处于自然状态的长度，这一条在实际作业中极难做到；
③避免不必要的加速度和减速度。对于手臂和腿，应适宜做回转运动，尽量减少往复运动；
④使用惯用手比非惯用手拿东西速度要快约10%；
⑤提起重物的姿势和方法是手抓稳重物，提起时保持直腰、身体尽量伸直、尽量弯膝的正确姿势。手抓握

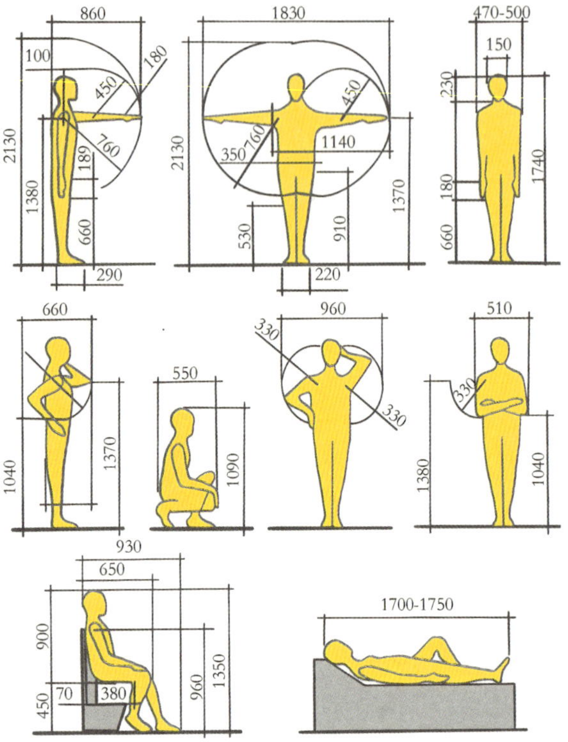

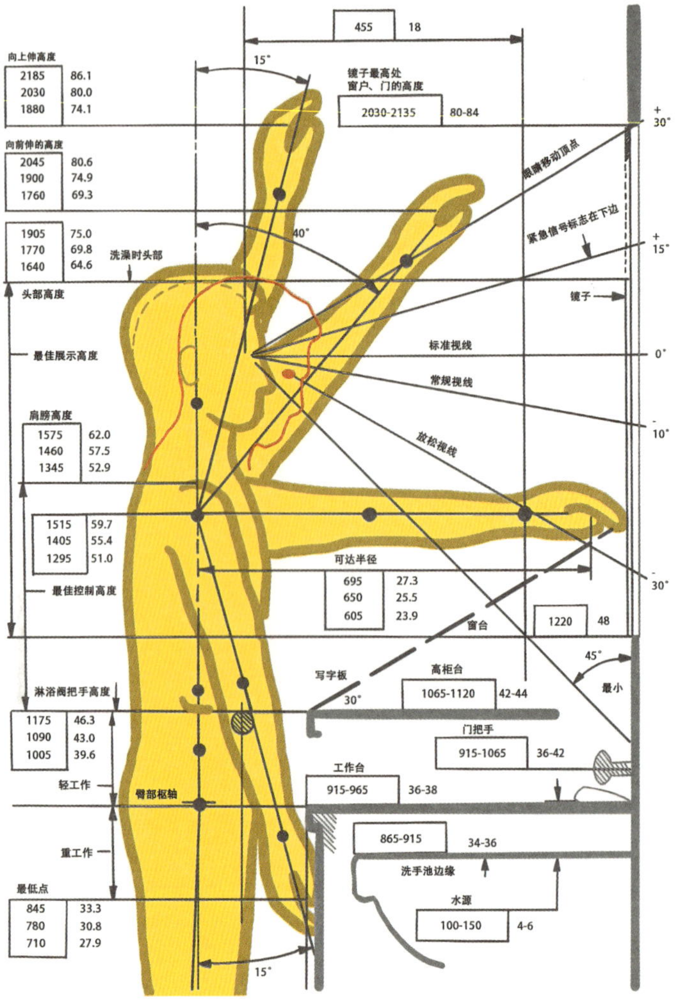

图2-9 人体垂直作业域

重物的部位应高于地面40～50cm，同时身体尽量靠近重物（保持脊柱的S形曲线）（图2-10）。

在实际的劳动中，在规定正确的作业方式、科学的训练提高作业效率的同时，还必须考虑人的性别、年龄、身体素质上的差异性。

二、人体活动与活动空间

（一）人体活动

1. 基本姿态

人体的基本姿态包括立位、坐位、跪位、卧位等。当人采取某种姿态时即占用一定的空间，通过对基本姿态的研究，我们可以了解人在一定姿态时手足活动占

图2-10 举起重物的动作分解

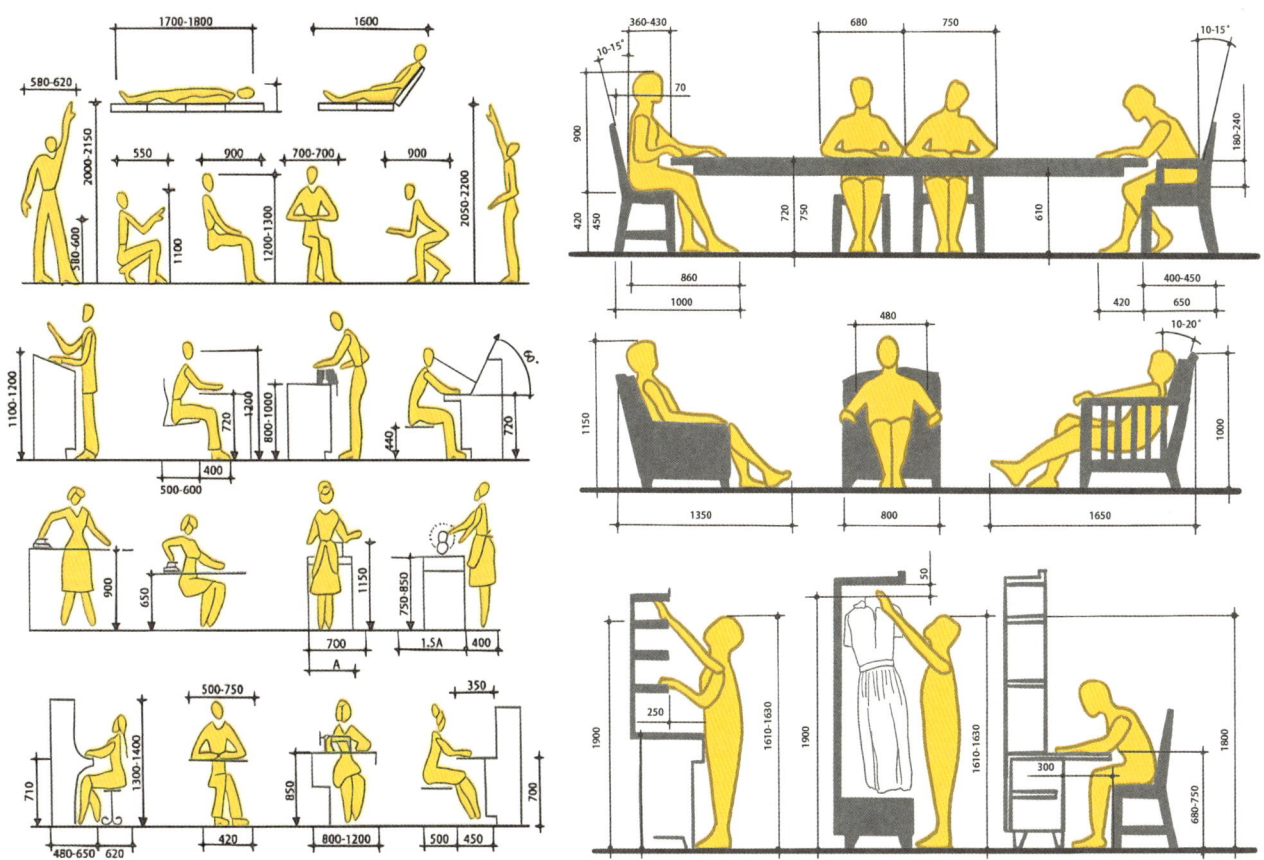

图2-11 人体基本姿态常见活动尺寸

用的空间大小。每个姿态对应一个尺寸群（图2-11）。

2. 姿态变换

姿态的变换集中于正立姿势与其他的可能姿态之间的变换。姿态的变换所占用的空间并不一定等于变换前的姿态和变换后的姿态占用空间的重叠，因为人体在进行姿态的改变时，由于力的平衡问题，会有其他的肢体伴随运动，因而占用的空间可能大于前述的空间的重叠。

3. 人体移动

人体移动占用的空间不应仅仅考虑人体本身占用的空间，还应考虑连续运动过程中由于运动所产生的肢体摆动或身体回旋余地所需的空间。

（二）人与物品

人体进行活动时，很多情况下是与一定的物体发生联系的。这些物体大致可分为三类：

用具：持于身前、身后、体侧，托于身上，可挥舞的；
家具：移动家具、支撑人体家具、贮藏家具；
建筑构件：门、通道、阶梯、栏杆等。

人与物体相互作用产生的空间范围要视其活动方式及相互关系决定。例如在使用家具和设备时，使用中的操作动作或家具与设备部件的移动都会产生额外的空间需求。另外一些生活用品由于使用方式的原因使人必须于一定的空间位置来使用（如视听音响设备等），这些因素都会产生除了人体与家具设备之外的空间要求。

（三）活动空间

活动空间受以下因素的影响：

①动作的方式：静止/动态、持续/间隔；
②工作的时间：体力变化、姿态变化；
③工作的用具：附加的设备所占据的空间；

④工作的服装：时间、地点、季节变换（服装余量）；
⑤生活的方式：民族/地域（如日本、朝鲜、阿拉伯人席地而居）。

（四）案例分析

案例分析1：法兰克福厨房（Frankfurt Kitchen，1926）

法兰克福厨房是玛格丽特·舒特-利霍茨基（Margarete Schütte-Lihotzky）的具有开创性的作品。长1.9m、宽3.4m的紧凑空间容纳了主妇的完整工作流程，是世界上第一个配备齐全的厨房。它的设计初衷是充分利用20世纪20年代工人公寓里逼仄的空间。这一出发点使得空间布局非常高效，可以大大缩短不同家务之间切换的时间，从根本上提升了使用者的体验。

如图2-12所示，厨房的功能布局与使用流程高度契合，科学的功能分区缩短了家务行为之间的移动距离，并配备旋转凳、煤气炉、内置储藏柜、可折叠熨衣板、可调节天花板灯，以及可移动的垃圾桶等使用便捷的用具以提升工作体验。除了整体配置的高效性，在细微之处也体现了设计者对使用者的关怀巧思。如：每个铝制的储藏罐都有标签和分类；用具有防虫功效的橡木制作装面粉的容器等。正对窗户的是备餐区，有一大块砧板横在窗前。考虑到部分女性经过白天的工作，晚上回到家继续准备晚餐会很疲惫，玛格丽特设计了一个可调节高度的座椅，允许女性坐着备餐。砧板右上方有一个直立摆放盘子的区域，不仅可以将最常用的盘子整齐收纳。方便平时拿取，同时还可以作为一个餐具收纳架，亦可充当沥水架，洗完碗直接伸手把餐具摆好，动线之短，几乎不用走路。

烹饪区设计的关键在于煤气炉与电灯的引入。以前德国普通居室没有煤气、电，女性每天面对昏暗的光线只能用火炉烹饪食物。玛格丽特的革新彻底让女性摆脱了脏乱差的环境，煤气灶有2或3个灶眼，可同时进行两种及以上菜肴的烹饪。电灯可移动，烹饪的时候移动到煤气灶一侧，洗碗的时候移到水槽一侧，这种可移动设计保证了厨房照明的充足，有效提升了工作效率。

收纳区为了节省空间采用了推拉式吊柜，门板用玻璃取代实木材质，使内置物品一目了然，而且此高度经过测量，女性伸手就能够到，不需要踮脚或踩凳子。吊柜右侧的收纳柜用来收纳锅具等大件物品。与吊柜的实木搁板不同，这里的木板是倾斜式中空设计，锅盖、锅具可以直立或倾斜摆放，更节省空间。铝制储物柜是另外一个亮点，可以用来存放咖啡、面粉等食材和烹饪调料。可折叠熨衣板可以放下来，一端搭在水槽上熨烫衣服，用毕收纳起来完全不占用厨房空间。

案例分析2：度假屋（Le Cabanon de Vacances，1949—1951）

度假屋的设计者是勒·柯布西耶（Le Corbusier）（图2-13），它被联合国教科文组织在2016年认定为最小的世界文化遗产（图2-14）。度假屋的平面尺寸只有3.66m×3.66m，但却汇集了柯布西耶认为的他生活里所需要的一切——两张硬板单人床，一张工作台，几件艺术品，见缝插针的收纳空间，还有一望无际的湛蓝的地中海。一个比较耐人寻味的细节是小屋的开窗方式。柯布西耶并没有把面向海景的墙壁打造成一扇"密斯式"或者"约翰逊式"的超大落地玻璃窗，只是在工作台边开了一大一小两扇窗子。从我们现代所理解的"景观"来说，如此方式显然不够达标，我们已经习惯了铺张奢侈的尺度。但柯布西耶对窗口的处理策略表现出的是可敬的节制。面对他挚爱的海滩，只需要一瞥便足够。

另一个细节是，这个不到14m²的小空间没有设置厨

图2-12　MOMA展出的法兰克福厨房

图2-13 勒·柯布西耶

图2-14 度假屋外观

图2-15 空间透视图（柯布西耶本人绘）

房和完善的卫浴设施，这也是被部分后世批评家诟病的一点。但柯布西耶似乎根本不打算和"柴米油盐"发生更多联系。事实上在距离小屋几步路的地方就有一家餐馆，而那里的饭菜也让他很满意。洗澡直接去地中海里解决即可。小屋室内呈现的样貌只有一个布帘子遮住的简易厕所和工作台边的一只不锈钢洗手池（图2-15、图2-16）。

第二节 人体活动与空间

图2-16 空间实景照片

第三节 人的感官要素

一、人的感觉与知觉

（一）感觉与知觉的区别

1. 定义上的区别

知觉是一系列组织并解释外界客体和事件产生的感觉信息的加工过程。换句话说，知觉是客观事物直接作用于感官而在头脑中产生的对事物整体的认识。感觉（是过去的经验在头脑中的反映）是脑对直接作用于感觉器官的客观事物的个别属性的反映。感觉是最初级的认识过程，是一种最简单的心理现象。

2. 内容与机制上的区别

从内容来看，感觉是人脑的客观事物的个别属性的反映，知觉则是对客观事物的各个属性的综合整体的反映。从机制来看，感觉是单一分析器活动的结果，知觉是多种分析器协同活动对复杂刺激物或刺激物之间的关系进行分析综合的结果。

（二）感觉与知觉的联系

感觉是知觉产生的基础，是知觉的有机组成部分，是知觉产生的基本条件；知觉是高于感觉的心理活动，但并非感觉的简单相加之总和；知觉是感觉的深入与发展。一般来说，若能对某客观事物或现象感觉到的个别属性越丰富、越完善，那么对该事物的知觉就越完整、越准确（图2-17）。

二、视觉与视觉环境

（一）视觉基础

视觉是光进入眼睛才产生的，由于有了视觉，我们才能知道各种物体的形状、色彩、明度。一般来说，人类所获得的信息有百分之八十来自视觉。人类的视觉系统是一个从眼球到大脑的极其复杂的构成体系。外界的光景经瞳孔进入眼球内部，通过晶状体和眼球内部的液体，在视网膜上形成影像。然后通过从视网膜发出的视神经传递给大脑，于是形成了视觉影像（图2-18）。

视觉系统的构造与视觉的特征有密切的关系，人眼的直径有24mm，近似球形，眼球的前面有眼睑，很像照相机的镜头盖。在眼球的表面是透明的角膜，角膜的后面是虹膜，虹膜的作用很像镜头的光圈，由于它的调节可以改变瞳孔的直径，改变进光量。除了光线的作用变化外，当观看近的物体时也能使晶状体收缩变小。虹膜后面的晶状体扮演着透镜的角色，它周围的毛状肌可以根据观察物体的远近来调节晶状体的曲率。眼球的内部并不是中空的，其间充满了透明的液体。眼球的内表面为视网膜，视网膜相当于感光胶片。

光线照射到视网膜上，光的能量被视网膜上的感光细胞吸收，由此产生光化学反应并产生神经刺激。在接近视轴中心的位置存在着密集的称为锥状体的感

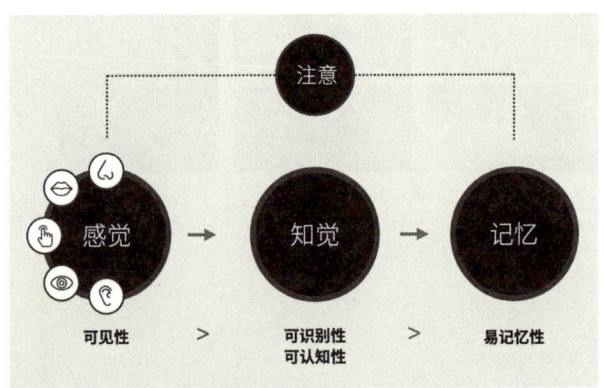

图2-17 感觉与知觉机制

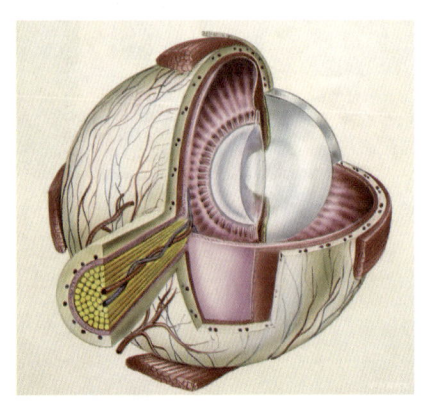

图2-18 人眼结构示意图

图2-13　勒·柯布西耶

图2-14　度假屋外观

图2-15　空间透视图（柯布西耶本人绘）

房和完善的卫浴设施，这也是被部分后世批评家诟病的一点。但柯布西耶似乎根本不打算和"柴米油盐"发生更多联系。事实上在距离小屋几步路的地方就有一家餐馆，而那里的饭菜也让他很满意。洗澡直接去地中海里解决即可。小屋室内呈现的样貌只有一个布帘子遮住的简易厕所和工作台边的一只不锈钢洗手池（图2-15、图2-16）。

图2-16　空间实景照片

第三节 人的感官要素

一、人的感觉与知觉

（一）感觉与知觉的区别

1. 定义上的区别

知觉是一系列组织并解释外界客体和事件产生的感觉信息的加工过程。换句话说，知觉是客观事物直接作用于感官而在头脑中产生的对事物整体的认识。感觉（是过去的经验在头脑中的反映）是脑对直接作用于感觉器官的客观事物的个别属性的反映。感觉是最初级的认识过程，是一种最简单的心理现象。

2. 内容与机制上的区别

从内容来看，感觉是人脑的客观事物的个别属性的反映，知觉则是对客观事物的各个属性的综合整体的反映。从机制来看，感觉是单一分析器活动的结果，知觉是多种分析器协同活动对复杂刺激物或刺激物之间的关系进行分析综合的结果。

（二）感觉与知觉的联系

感觉是知觉产生的基础，是知觉的有机组成部分，是知觉产生的基本条件；知觉是高于感觉的心理活动，但并非感觉的简单相加之总和；知觉是感觉的深入与发展。一般来说，若能对某客观事物或现象感觉到的个别属性越丰富、越完善，那么对该事物的知觉就越完整、越准确（图2-17）。

二、视觉与视觉环境

（一）视觉基础

视觉是光进入眼睛才产生的，由于有了视觉，我们才能知道各种物体的形状、色彩、明度。一般来说，人类所获得的信息有百分之八十来自视觉。人类的视觉系统是一个从眼球到大脑的极其复杂的构成体系。外界的光景经瞳孔进入眼球内部，通过晶状体和眼球内部的液体，在视网膜上形成影像。然后通过从视网膜发出的视神经传递给大脑，于是形成了视觉影像（图2-18）。

视觉系统的构造与视觉的特征有密切的关系，人眼的直径有24mm，近似球形，眼球的前面有眼睑，很像照相机的镜头盖。在眼球的表面是透明的角膜，角膜的后面是虹膜，虹膜的作用很像镜头的光圈，由于它的调节可以改变瞳孔的直径，改变进光量。除了光线的作用变化外，当观看近的物体时也能使晶状体收缩变小。虹膜后面的晶状体扮演着透镜的角色，它周围的毛状肌可以根据观察物体的远近来调节晶状体的曲率。眼球的内部并不是中空的，其间充满了透明的液体。眼球的内表面为视网膜，视网膜相当于感光胶片。

光线照射到视网膜上，光的能量被视网膜上的感光细胞吸收，由此产生光化学反应并产生神经刺激。在接近视轴中心的位置存在着密集的称为锥状体的感

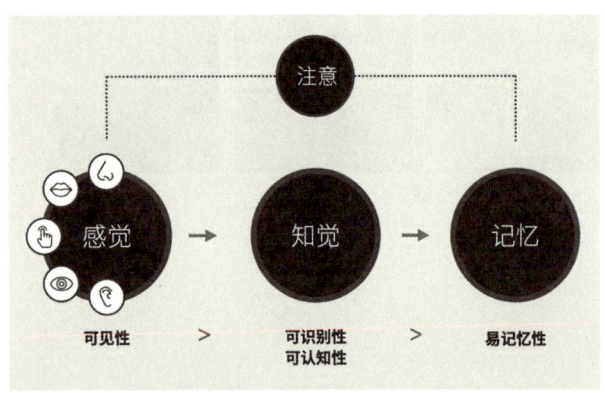

图2-17 感觉与知觉机制

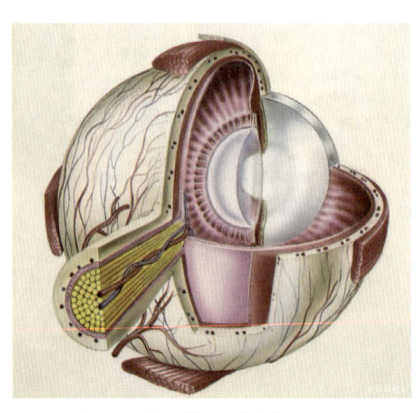

图2-18 人眼结构示意图

光细胞，呈细长的锥状，在偏离中心5°的位置，锥状体变得短粗，数量也急剧减少。锥状体的总数有600万～700万个，锥状体对日常的明亮光线敏感，具有色彩感知的能力。在这中心区域的周围广泛分布着称为杆状体的感光细胞，它因圆柱状而得名。杆状体总数约25万亿个，它没有色觉功能，但对光线很敏感，能够感知较弱的光线。

（二）视觉要素

1. 视野

视野是指眼睛固定于一点时所能看到的范围，在垂直面内向上约50°，向下约70°，水平面左右各约94°（图2-19）。视野有主视野和余视野之分。主视野位于视野的中心，分辨率较高。在2°的视野内，人有最高的视觉敏锐度，能分辨物体细部；在30°的视野内，人有清晰的视觉，即在距视觉对象的高度1.5～2倍的距离，人可以舒适地观赏视觉对象。余视野位于视野的边缘，分辨率较低，即视线的"余光"，所以，为看清楚物体，人总是要转动眼球以使视觉对象落在主视野内。人的视野的特点要求将使用频率高或需要清晰辨认的物体置于主视野内，使用频率低的或提示性的、不重要的物体放在余视野内。一般遵循这样的规则：重要对象置于3°以内；一般对象置于20°～40°范围；次要对象置于40°～60°范围；一般不在80°视野之外设置，因其视觉效率太低，但例如眩光等干扰对象则可置于视野之外。视野的研究对于操作控制及视觉空间的设计非常重要，如飞机座舱、汽车驾驶室和各种控制室等。因为人们往往需要注视某一方向，并兼顾控制仪表，这时显示器的位置就要在不影响观察的情况下尽量安排在视野内。

2. 视距

视距指人眼与被观察物之间的距离。视距的远近直接影响着认知的速度和准确性，适宜操作的视距为380～760mm，其中以560mm为佳。不同性质的操作对最佳视距的要求也有不同。不同产品、场所和国家对视距的要求也有一些具体规范。例如，家用电视的最佳视距，根据国际无线电咨询委员会（CCIR）的定义，当观看距离为屏幕高度的3倍时，高清晰度电视系统（如液晶和等离子电视）显示效果应该等于或接近一名正常视力者在观看原视景物

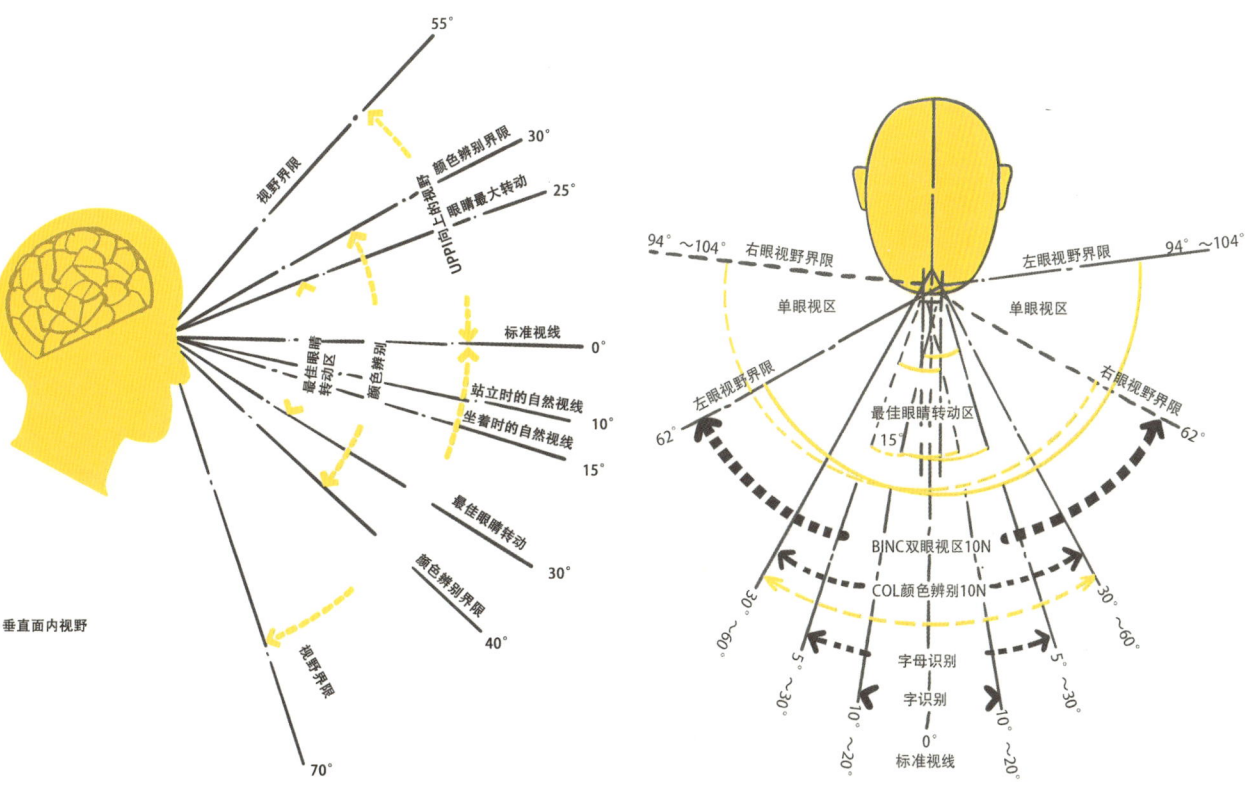

图2-19 人的视野

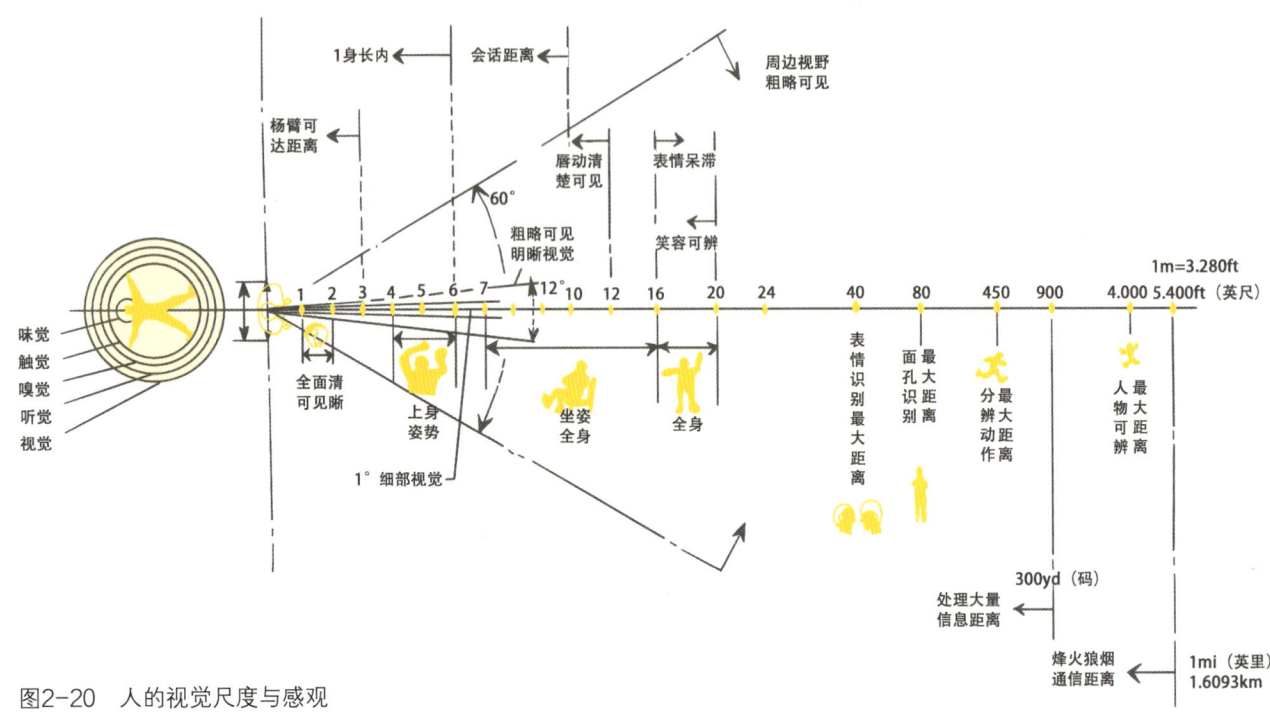

图2-20 人的视觉尺度与感观

或演示时的临场感觉,而纯平面CRT电视的最佳观看距离是屏面高度的5倍,即标准屏幕50英寸的16：9宽屏电视,实际屏幕高度约为610mm,其最佳视距为1830～3050mm。而汽车驾驶员认读车内仪表的视距,根据美国标准的推荐值,轿车最大视距为711mm,最小为450mm,卡车为700～880mm(图2-20、表2-4)。

表2-4　　　　　　　　　　　　　常用视距表　　　　　　　　　　　　　单位：mm

任务要求	举例	视距	固定视野直径	备注
最精细的工作	安装最小的部件（表、电子元件等）	120～250	200～400	完全坐着,部分地依靠视觉辅助手段（小型放大镜、显微镜）
精细的工作	安装收音机、电视机	250～350（多为300～320）	400～600	坐或站
中等粗活	在印刷机、钻井机和机床旁工作	<500	<800	坐或站
粗活	包装、粗磨等	500～1500	300～2500	多为站着
远看	看黑板、开汽车等	>1500	>2500	坐或站

3. 光感

（1）绝对亮度

绝对亮度即眼睛能感觉到光的光强度。人眼是非常敏感的,完全暗适应的人能看见约80km远的火光。

（2）相对亮度

对于一般使用来说绝对亮度意义不大，而相对亮度更有意义。相对亮度是指光强度与背景的对比关系，称为相对值。在一个暗背景中，亮度很低的光线也可以看得很清楚，然而在一个亮背景中，同样的光线也可能无法分辨。白天看不见星星的例子可以来说明此现象。

（3）光亮范围

光感不仅与光的强度有关，还与光的范围大小有关，并与其成正比。

（4）辨别值

光的辨别难易与光和背景之间的差别有关，即明度差。根据光感的特性，在视觉设计中，如果我们希望光或由光构成的某种信息容易为人们感觉到，就应提高它与背景的差别，增大光的面积，反之，如果不希望如此则应相反处理。问题的关键不在于光的绝对亮度，而是它与背景的差别和面积的大小（图2-21、图2-22）。

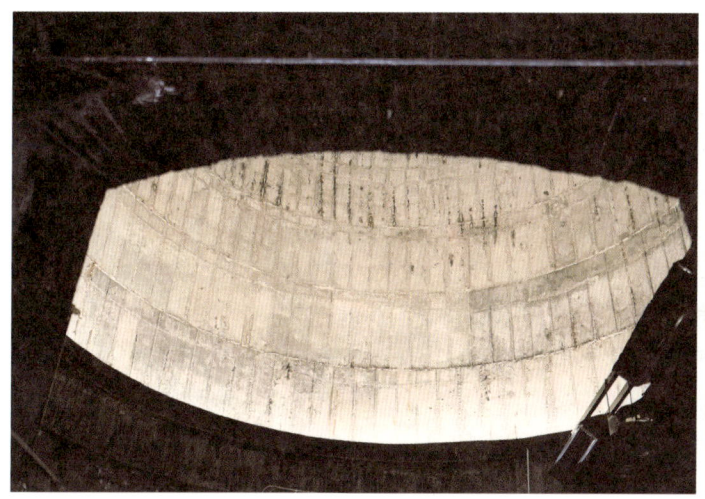

图2-21　大连La Belle caffe内景（摄影师：单承伟）

图2-22　大连缤纷的城市夜景（摄于望景咖啡）

4. 视力

视力是指视网膜分辨影像的能力。视力的好坏由视网膜分辨影像能力的大小来判定，它随着被观察物体的大小、光谱、相对亮度和观察时间的不同而变化。视力在眼球的分布是不均匀的，中心部分视力最佳，只有在1°的视角内看得最清楚。通常医学检测的视力也是指在通常的亮度范围内存在于这个区域内的视力。当稍微偏离中心，视力就急剧下降，超过这个范围则只能看到运动和对比明显的物体，这与人的主观感觉不同，是因为眼球运动的关系。影响视力最明显的因素是光的亮度。视力与亮度成正比。亮度影响视力的机制归因于在感光细胞中有各种敏感度的细胞，许多细胞只有当亮度达到一定程度才起作用。正常人在光照良好的情况下可以看清大约800m远的一根电线。因此，在需要细致观察的场所中应提高光环境整体亮度。

另一方面，对于暗处视力而言，偏离中心5°左右为最高，这是因为该处正好处于杆状体细胞的范围，杆状体细胞不能精确分辨物体，但可以对暗处有没有物体进行探查。因此，在较暗的环境下眼睛的周边视力比中心视力更加重要（图2-23）。

5. 色彩

人眼能够感觉到的光波长为380～780μm。超过这个范围的如紫外线、红外线则不能被感觉到。眼睛对各种波长不具有相同的感受性，人眼对波长555μm的光最敏感，介于黄和绿之间。视野内的色彩感觉也并不完全相同（图2-24），视野的边缘部分虽然能够察觉物体，但感觉不到色彩。在离开视觉中心点90°的地方，任何物体都呈现灰色状态。这与视野内锥状体细胞和杆状体细胞的分布规律有关。正常亮度情况下，人的眼睛能分辨出10万种不同的颜色。接近黄昏时，当人们观察红色花朵时会感到其色彩鲜明，这是锥状体在发挥作用，天色渐渐暗下来时绿色的叶子会变得更显眼，这是杆状体在起作用，使红色敏感度下降，绿色敏感度上升；当光线很暗时，则一切都成为灰色（图2-25）。

图2-23　北京SKP内景

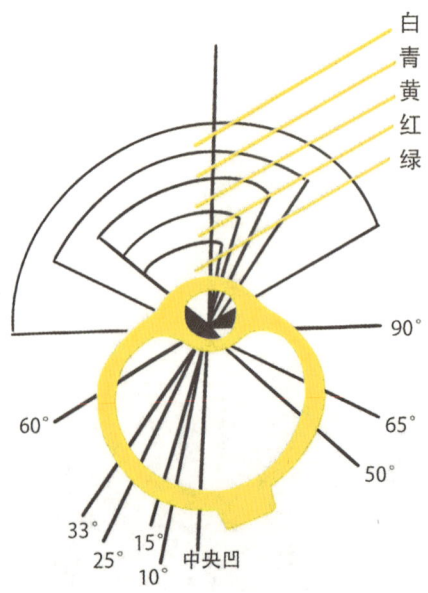

图2-24　人眼对不同颜色的视野

（a）天色渐暗时绿叶较显眼

（b）天色很暗时绿叶也变得灰暗

图2-25 某大学校园（摄影师：单承伟）

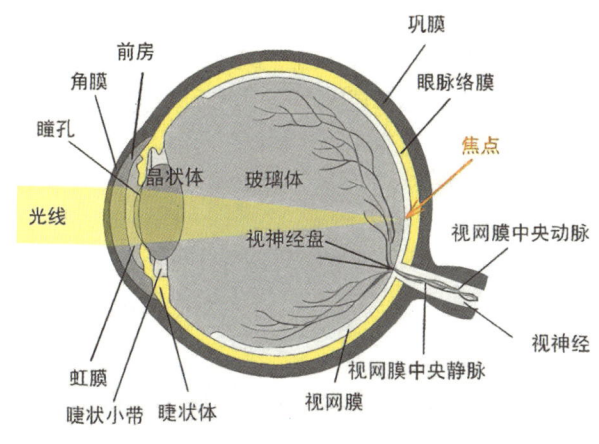
（a）正常视力

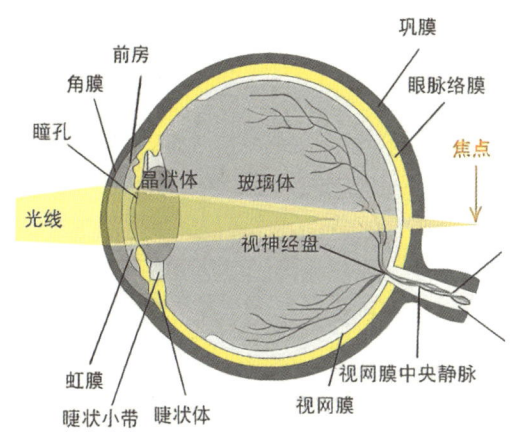
（b）远视眼

图2-26 正常视力与远视眼的视觉机制

6. 眼调节

眼调节主要有三方面：眼球运动、远近调节、双眼聚焦。眼球的水平运动比垂直运动速度快，所以显示应以水平方向为好。在照明不足时视距的远点移近，远视能力下降，调节的速度和精度也会降低。另外物体与背景的对比度对眼睛的调节也产生影响，对比越强，调节的速度越快。眼睛的聚焦是靠晶状体的曲率变化。对近距离物体聚焦时，睫状肌收缩，压缩晶状体使其曲率增加，因此，近距观察会使睫状肌负荷较大，容易引起眼睛的疲劳；观察远距离物体时，睫状肌放松，晶状体扁平，调节机制处于松弛状态，眼睛便觉得舒适。

瞳孔也起到一定的调节作用。因为晶状体的中心部位像差最小，所以瞳孔缩小可以减小像差，获得更清晰的图像。眼睛的调节能力随年龄的增加而降低，主要是晶状体的弹性降低了。调节能力的降低直接影响眼睛的最短聚焦距离，年龄增大则焦点远移，当距离超过25cm时，称为远视眼。同时，年龄的增长还会延长眼睛调节所需的时间，因此在设计中应该合理考量年长者视觉调解机制的退化因素（图2-26）。

7. 眩光与残像

视野中遇到过强的光线（如夜晚的车灯等）超过眼睛当时的适应条件，眼睛会感到刺激、不适，这就是眩光。眼睛在经过强光刺激后，会有影像残留于视网膜上，这是由于视网膜的化学作用残留引起的。残像的问题主要是干扰后继影像的生成，进而影响对外界的观察，因此应尽量避免强光和眩光的出现（图2-27、图2-28）。

8. 眼适应

人的感觉器官在外界条件的刺激下，其感受性会发生一定的变化，这种状态称为适应。人眼由亮处向暗处转移的过程，称为暗适应。反之称为明适应。暗适应的典型案例为刚进入电影院时无法看清暗处对象的直观感受。这一方面源于瞳孔的直径在黑暗环境时为8mm，强光下缩小为3mm，在进入黑暗环境时瞳孔直径由3mm变为7mm比较慢，需要10秒钟。另一方面原因在于人眼中的两种感觉细胞：锥状体和杆状体。锥状体在明亮时起作用，而杆状体对弱光敏感，人在突然进入黑暗环境时，锥状体失去了感觉功能，而杆状体还不能立即工作，因此，首先是锥状体开始适应，约经过10分钟完成，然后是杆状体开始适应，这个时间还需要25分钟。

自然界里的亮度变化具有一定范围。上限为直射阳光照耀下的积雪，下限至星座下的阴影部分，照度可达到上千亿倍的级差。人的眼睛可以自动调整光敏感度，以便适应外界的平均状态。客观上具有一定辉度的物体，由于人眼对不同条件的适应，主观看起来亮度会不同，同一种辉度的物体，在适应太阳光的眼睛看起来是灰暗的，在适应月光的眼睛看起来是明亮的。所以人的主观亮度与真实的物理亮度（辉度）是不同的。此外，人的主观感觉亮度在没有相对辉度的情况下具有恒常性。阳光照耀下的煤炭仍然是黑色，黄昏的白雪还是白色的，实际上前者的辉度是后者的100倍（图2-29、图2-30）。

图2-27　视觉残像

图2-28　眩光

图2-29　阳光照耀下的积雪是自然界的最高亮度（摄影师：单承伟）

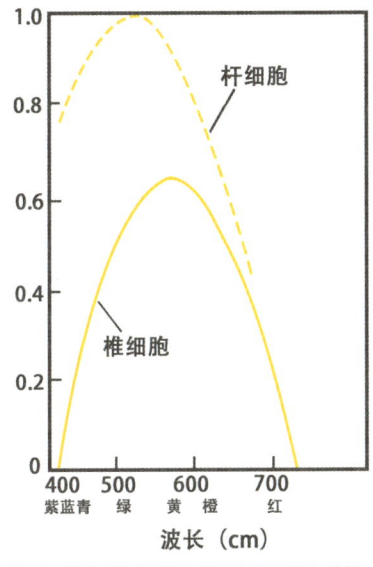

（a）椎细胞和杆细胞的相对敏感性

（b）不同亮度下对应的工作细胞

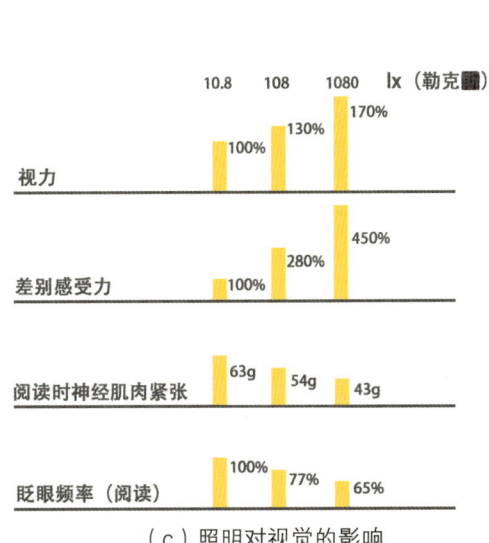

（c）照明对视觉的影响

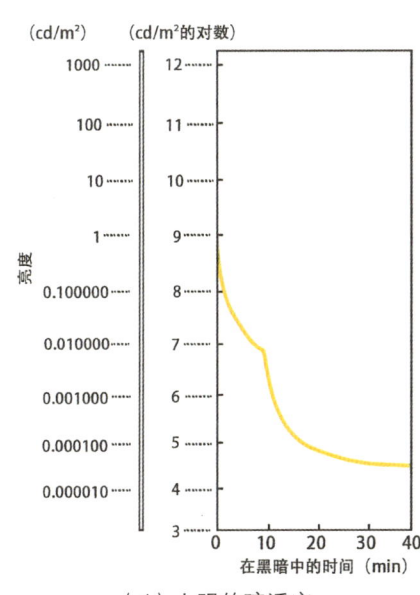

（d）人眼的暗适应

图2-30 照明机制

9. 光的闪烁

人的眼睛要不断将外界变化的映像映现在视网膜上，所以视网膜上的映像要尽快地消失，不影响后续映像继续感光，这一机制使视网膜更像电视机的荧光屏，而不是照相机的底片。照相机可以对一幅底片进行持续的曝光以增加曝光量，而眼睛的曝光只是持续在不到1/10s的极短时间。眼睛会感觉到在这个时间界限以上的光的周期变化，这种现象叫闪烁。如果闪光的速度足够快，眼睛就感知不到闪烁状态，每秒600次的闪光是完全不会被察觉的。光线变化速度慢时就会有闪动的感觉，每秒20次的闪光会被感觉到，每秒10次的闪光已经明显被干扰。恰好感觉到闪光的闪动频率称为临界融合频率。电影与电视便是基于这个视觉特点，利用超过临界融合频率的刷新速度使人感觉不到图像的切换闪动。

10. 视错觉

知觉与外界的事实不一致时，会产生错觉。大部分的错觉发生在视觉机制中。视错觉是指人眼感知到的视觉自然歪曲现象，发生原因多样复杂，包括外界刺激的前后影响、脑组织的作用、奇幻的自然现象、视觉习惯、主观态度等。心理学家发现了各式各样的错觉图形，并就错觉的发生向人们进行了简易的说明。

知觉过程往往并不是容易的和自动的，知觉有时像解谜，必须将外界的许多信息和线索综合起来。知觉的过程可以被认为是一种假设的产生和检验的过程。贡布里希（E. H. Gombrich）认为，眼睛在千变万化地欺骗我们，造成多种多样的错觉，我们的知识往往支配着我们的知觉，歪曲了我们所构成的物象（图2-31至图2-33）。

（三）视觉环境

视觉环境主要指人们生活工作中带有视觉因素的环境，可细分为两方面内容：一是视觉陈示，二是光环境。视觉环境综合了光线、色彩、造型、材质、空间等视觉因素协同作用，在设计研究过程中需根据观看对象具体分析，营造高效、舒适、健康的环境状态（图2-34、图2-35）。

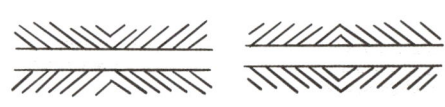

（a）受到两条平行线影响，直线看起来不直　　（b）赫林（Hering）错视

图2-32　直线曲直度的错觉

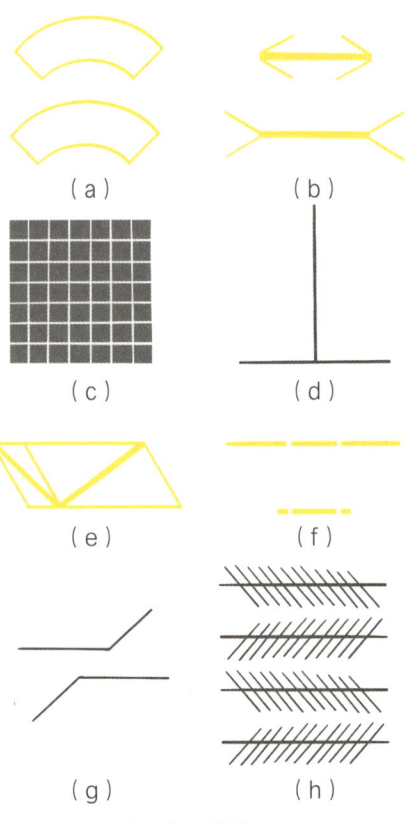

图2-31　直线长度的错觉

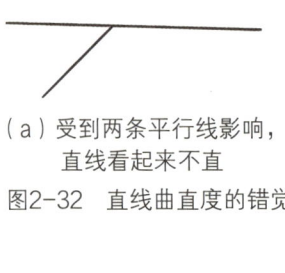
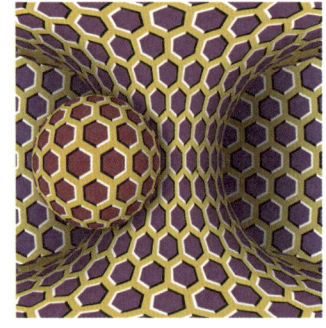

图2-33　视错觉彩图

图2-34　米兰画廊新展厅

图2-35　大连糖西美术馆

三、听觉与声环境

（一）听觉基础

1. 听觉
听觉是除视觉以外人类的第二大感觉系统，它由耳和有关神经系统组成。听觉要素主要包括：音调（频率）、响度、音色。人类可听到的声音频率范围是20～20000Hz，但会随着响度、强度发生变化，这三者相互影响。

2. 耳
作为听觉器官的耳，由三个部分组成，鼓膜之前称为外耳，鼓膜与前庭窗之间称为中耳，从前庭窗向里称为内耳。外耳承担着集音器的作用，中耳的鼓膜是圆形的薄膜，由声波激发鼓膜的振动，其内侧是有小听骨所在的空腔，鼓膜的振动由小听骨放大并传递到位于前庭窗后的内耳，经过一系列复杂的机构最终传递到大脑皮质的听觉中枢，完成声音的感知过程（图2-36）。

（二）听觉要素

在声音中，小于20Hz的声波为次声波，大于20000Hz的声波为超声波。人类可接受的声压级范围为0～120分贝（dB），声压级是反映声音大小、强弱的最基本参数。

1. 噪声
噪声即干扰声，是在一定环境下不应该出现的声音，

人体工程学将凡是干扰人正常活动（包括心理活动）的声音都定义为噪声。如普通办公环境噪声的声压级为50～60dB，普通对话声的声压级为65～70dB，纺织厂织布车间噪声的声压级为110～120dB，小口径炮炮响噪声的声压级为130～140dB，大型喷气式飞机噪声的声压级为150～160dB。在日常生活中，噪声直接影响人们语言交流的听取率，为达到100%的会话听取率，室内的噪声应控制在45dB以下，最好在40dB以下；室外控制在60dB以下，最好在55dB以下；室内夜间噪声则应控制在40dB以下。噪声对人的思维活动和需要集中精力的脑力活动干扰极大，50～60dB以上的声压级就会对一些要求高技能和处理复杂信息等的思维分析作业产生影响。噪声对体力作业的影响相对较小，85～90dB以上才会产生一定影响。

噪声对工作效能具有不可忽视的影响。高频噪声与低频噪声相较，影响更大；声压级越大，影响越强烈，尤其是超过100dB的噪声；无预料性的突发噪声比连续噪声影响大；无法辨析的陌生噪声也会对人们的工作效率、舒适度、健康产生不利的影响（表2-5～表2-8）。

（1）噪声标准
城市区域环境的噪声标准是指1982年4月6日国务院原环境保护领导小组发布，1982年8月1日起实施的标准。它主要规定了城市各类区域昼间和夜间环境噪声的标准值，并对适用区域的划定作出了明确规定。该标准于2008年10月1日被GB3096—2008《声环境质量标准》替代。

①0类标准适用于疗养区、高级别墅区、高级宾馆区等特别需要安静的区域。位于城郊和乡村的这一类区域分别按严于0类标准（5dB）执行。
②1类标准适用于以居住、文教机关为主的区域。乡村居住环境可参照执行该类标准。
③2类标准适用于居住、商业、工业混杂区。
④3类标准适用于工业区。
⑤4类标准适用于城市中的道路交通干线道路两侧区域，穿越城区的内河航道两侧区域。穿越城区的铁路主、次干线两侧区域的背景噪声（指不通过列车时的噪声水平）限值也执行该类标准。

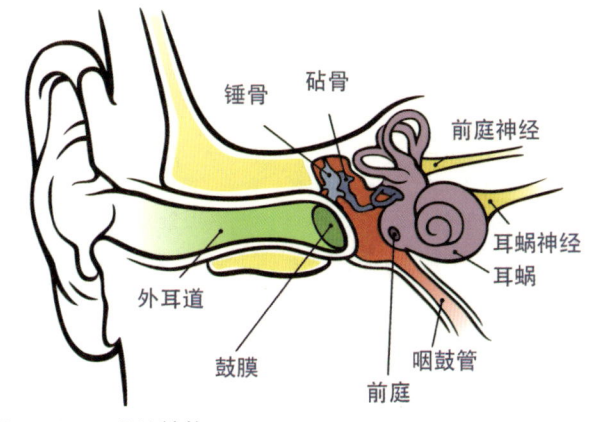

图2-36　耳朵的结构

表2-5　城市5类环境噪声标准值

类别	昼间（dB）	夜间（dB）
0	50	40
1	55	45
2	60	50
3	65	55
4	70	55

表2-6　日常场所分贝值

不同环境的声音示例	声压级dBSPL	声压N/m²=Pa	声强W/m²
距离喷气式飞机50m	140	200	100
听觉痛阈	130	63.2	10
不适听阈	120	20	1
距离电锯1m	110	6.3	0.1
距离Disco俱乐部的喇叭1m	100	2	0.01
距离柴油卡车10m	90	0.63	0.001
距离繁忙公路边5m	80	0.2	0.0001
距离吸尘器1m	70	0.063	0.00001
正常讲话1m处	60	0.02	0.000001
平常家庭环境	50	0.0063	0.0000001
安静的图书馆	40	0.002	0.00000001
夜间安静的卧室	30	0.00063	0.000000001
电视演播室背景噪声	20	0.0002	0.0000000001
沙沙作响的树叶	10	0.000063	0.00000000001
听阈	0	0.00002	0.000000000001

表2-7　说话者声音大小

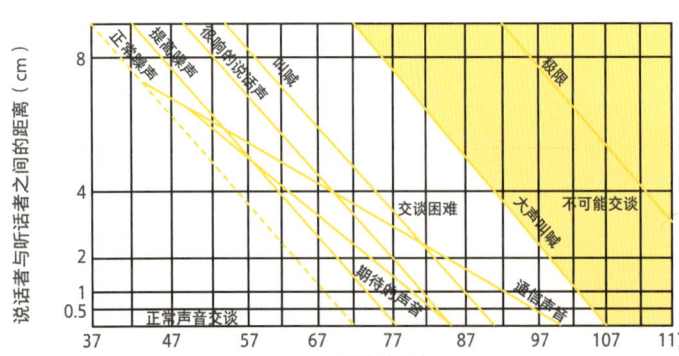

表2-8　交通噪声与睡眠的关系

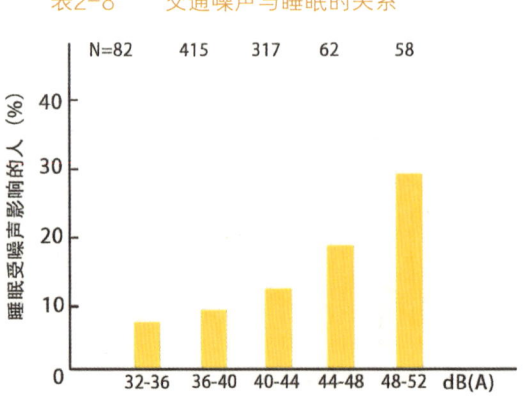

（2）噪声的控制和防护

噪声的控制和防护有三个基本途径：

①控制噪声源。控制噪声源即减少噪声的产生或降低噪声的强度，这是控制噪声最直接、最有效的途径。例如：减少机器摩擦、降低空气流速、减小零件缝隙等（图2-37）。

②干扰噪声传播。干扰噪声传播的方法主要有：利用构筑物、建筑物或地形作为屏障，阻断噪声传播的路径；或利用声波的指向性，采用合理的硬件措施，引导噪声向上空或野外排放；在噪声源周围采用隔声、吸声、隔振等局部措施，限制其传播距离。

③加强个人防护。噪声危害的个人防护主要依赖防护器具的效用。常见的个人防护器具有橡胶或塑料制的耳塞、耳罩、声帽等。不同材料的防护器具对不同频率噪声的衰减作用是不同的，因此，应根据噪声的频率特性，选择适宜的防护器具（表2-9）。

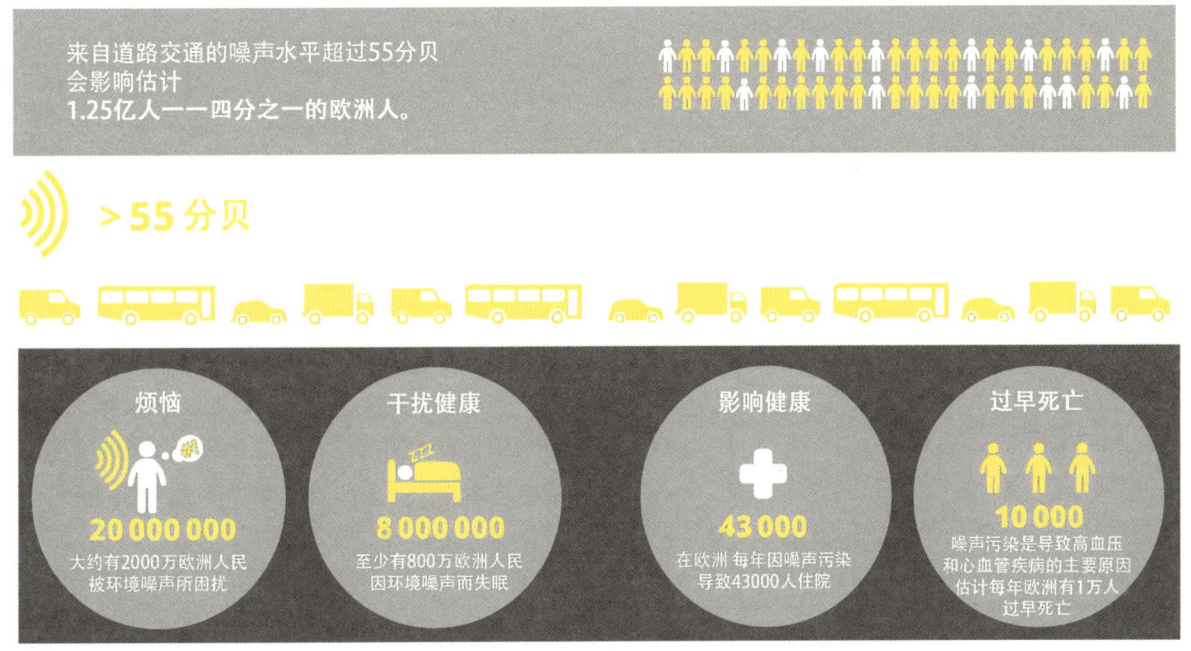

图2-37　噪声源

表2-9　各种建筑面的隔声效果

建筑面	隔声作用（dB）	说明
普通单门	21~29	听到说话
普通双门	30~39	听到大声说话
重型门	40~46	听到大声说话
单层玻璃窗	20~24	—
双层玻璃窗	24~28	—
双层玻璃，毛毡密封	30~34	—
隔墙，6~12cm砖	37~42	—
隔墙，25~38cm砖	50~55	—

2. 回声

回声是指由声源直接传入耳朵的声音和由于墙体等反射后传入耳朵的声音在时间上产生差异时出现的一种声音现象。如果将时差控制在1/20s以内，就不会产生回声，因此可以使用吸音材料以增加室内的吸音效果，尤其是在音乐厅、大会议厅、剧院等场所。在室内界面设计中应避免大规模的长方形平面和对称平行平面，可以通过墙壁等室内结构形状的合理设计，如利用抛物面等特殊造型界面将经过反射后的声音集中在声源和受音点之间，将所有声音的传播路线差控制在17m以下，从而达到有效防止回声的效果。

3. 混响

混响是指声源切断后，声音在室内还能保留一段时间的现象，它与室内最佳混响时间与用途、频率、室内空间大小密切相关。音乐厅等室内空间具有一定的混响时间能增加音乐效果，但混响时间必须适当控制，否则会产生负面效果。

（三）听觉环境

我们所处的听觉环境分为内部空间与外部空间。内部空间依据不同的功能目标进行标准不一的声学设计，以达到理想的声学效果，可营造奇特的声景体验；外部空间是指建筑与之相邻的周围事物形成的整体环境，其声景体验构成了对环境氛围的认知。在室内外环境设计中，人体工程学的研究目标是根据不同性质的空间对声音的需求，实现对噪声、回声和混响等问题的有效控制。有的音效师和声学设计师会把空间分为"活的"或"死的"。"活的"如我们熟悉的浴室，这类空间将声音反射到耳际，激发歌唱的欲望；"死的"房间如豪华酒店的房间，这类空间中的地毯、窗帘和其他软包装饰都能将声音吸收，产生减震效果。

四、嗅觉与肤觉

（一）嗅觉生理

鼻子是人体的嗅觉器官，依靠嗅觉可以辨别出各种气味，也能觉察到空气中的粉尘及有害气体。人的鼻子由外鼻、鼻腔与鼻窦组成，由骨和软骨做支架。外鼻

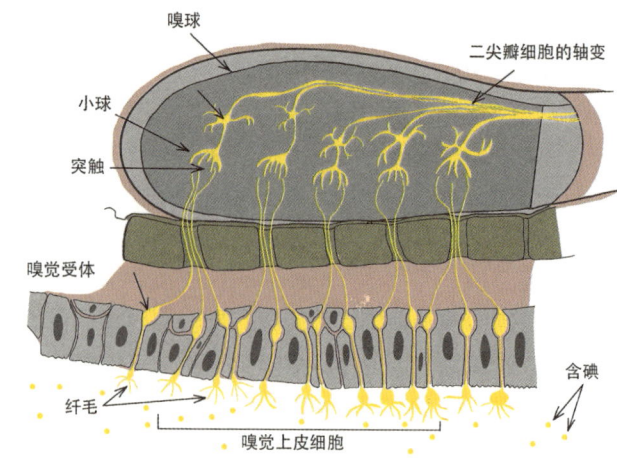

图2-38　复杂的嗅觉受体（Olfactory receptor）系统

的上端为鼻根，中部为鼻背，下端为鼻尖，两侧扩大为鼻翼。其中，鼻腔被鼻中分割成为左右两半，内衬黏膜。由鼻翼围成的鼻腔部分为鼻前庭，生有鼻毛，可以阻挡灰尘吸入。黏膜内有嗅细胞，嗅细胞的一端有一条纤毛状的突起，另一端则是一条神经纤维。嗅神经细胞发出的神经纤维逐渐聚集，变成嗅神经，通过鼻腔顶部的筛骨后，组成嗅球与大脑的嗅觉中枢直接联系。人的鼻子一般能辨认出200种不同的气味，但鼻子闻一种气味时间过长，由于嗅觉中枢的疲劳，反而会感觉不到原来的气味，这种现象我们称为嗅觉疲劳（图2-38）。

（二）肤觉生理

皮肤是人体表面积最大的结构之一，具有各种机能与较强的修复能力。皮肤是人体重要的触觉、肤觉器官，由表皮、真皮及皮下组织三个主要层和皮肤衍生物如汗腺、毛发、指甲等组成。皮肤不仅具有散热和保温的作用，也具有呼吸功能。当外界温度升高时，皮肤的血管就扩张、充血，血液所携带的体热就会通过皮肤向外界发散。同时，汗腺也会大量分泌汗液，通过排汗带走体内过多的热量。反之，当外界环境寒冷时，皮肤的血管就会收缩，血量减少，皮肤温度降低，散热减慢，从而使体温保持恒定。皮肤也具有人体防卫功能，它使人体表面有了一层具有弹性的脂肪组织，缓冲人体受到的碰撞，可防止内脏和骨骼受到外界的直接侵害。

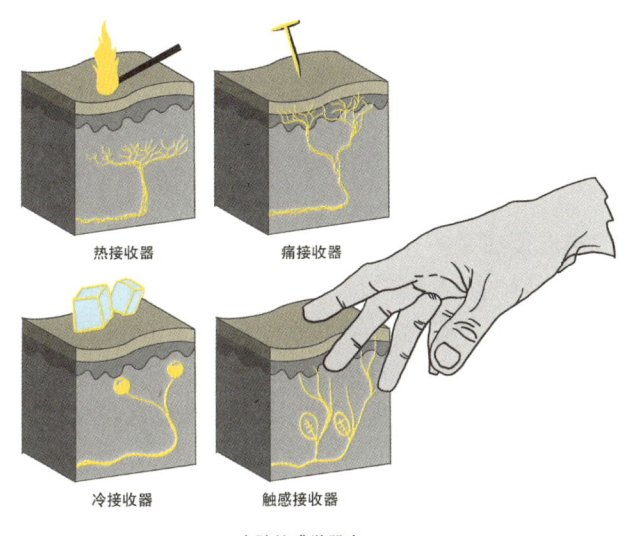

图2-39 肤觉生理机制

皮肤作为人体最大的感觉器官，内部含有丰富的神经末梢，对情绪的产生与发展起着重要作用。人体的皮肤除面部和额部受三叉神经的支配外，其余受31对脊神经的支配，构成完整的神经通路，传达皮肤的各种感觉。皮肤广泛分布的神经末梢是自由神经末梢，构成真皮神经网络，形成位于真皮中的感受器，可产生触觉及温、冷、痛等各种感觉。除自由神经外，在皮肤中还存在着特殊结构的神经终端，如克劳斯末梢球长期被视为冷感受器；罗佛尼小体曾被视为热感受器；迈斯纳小体被视为机械感受器；巴西尼小体是最发达的皮肤感受器，是振动信号的重要感受器。

人体感觉系统的各感官均有明确的生理功能，然而在接受外部环境刺激的同时，又具有复杂的生理机制。通过神经共同参与认识外部事物，这也是心理活动的生理基础（图2-39）。

1. 温热环境

（1）体温

鸟类与哺乳类等高等动物，体温稳定在一个非常狭小的范围内，这种现象称为体温原态稳定，这对于维持健康是非常重要的。体温变化超过1℃，就被视为某些异常的征兆，进行这样严格控制的原因，从根本上来说是参与物质代谢的酶构成了对温度敏感性的基础。

这里所讨论的体温指核心温度，即心脏、胃肠等被包藏部分的温度。体内保持原态稳定的内部称为核心，

为了维持核心温度稳定而随着环境温度变化的部分称为外壳。包围核心部位的外壳温度即肌肉皮肤温度，它容易受到环境温度的变化影响。体温虽说是指核心温度，但直接测定身体中心部位的温度是比较困难的。通常是用体温计，测定腋下、口腔（舌下）、直肠的温度，由于测定的部位不同，多少会有些差别。一日当中，体温最低的时候，是在早晨临起床之前，所以将此时的体温称作基础体温。起床以后体温逐渐上升，从傍晚到夜间达到最高，就寝以后就逐渐下降，到次日早晨达到最低点。此外，饭后体温会稍微升高一点，当运动或劳动时能升高1℃以上，安静后又恢复正常。同环境温度的变化幅度相比，体温的变化是十分稳定的。

（2）身体调整与适应

身体为适应环境温度条件变化（冷或热），维持体温的原态稳定，必须进行热量的自主调节，以创造新的平衡状态。当发生温度条件降低（即气温下降、湿度下降、气流增强、辐射降低或综合作用）时，身体趋向冷却，体温下降。因此，想要调整身体舒适度首先是减少散热，进而增加代谢量，力求尽快恢复平衡。具体地说，就是降低皮肤温度，减少来自皮肤的传导。另一方面，肾上腺素和新肾上腺素分泌会迅速增加，在使血管收缩的同时增加了代谢量，代谢量的提升增加了身体的产热量。人体对热的调整是对寒反应的相反过程，也就是增强散热、抑制对热的反应。皮肤血管扩张使血流增加、皮肤温度上升，其结果增加了辐射对流散热，开始出汗，由于蒸发散热，气温越高体表温度越高，蒸发速度越快，因此夏天比冬天更容易出汗。人种的差异性也会导致不同反应，比如热带地区的人出汗的程度较轻，温带、寒带的居民更容易出汗。

在普通气温条件下，散热的途径中皮肤的传导、对流、辐射散热的作用占主导，其次是通过皮肤蒸发散热，最后为其他方式散热。

（3）最佳温度条件

由于对寒暑条件的调整与适应，身体不可避免地要承受一些负担，而能够调整的温度范围也是有限的，所以自古以来人们就利用居所、衣着与取暖不断减轻体温调节的负担。在这个过程中自然会探索最佳的温度条件。

在环境温度条件中，影响最大的是气温，但并不仅限于这一因素。湿度也是影响体感舒适度的重要因素。低湿度条件下汗易蒸发，而高湿度则排汗受到阻碍。气温在30℃条件下，湿度按30%、50%逐渐上升，在感觉上气温大约会提高2℃。因此，若表现闷热的程度，特别是表现夏天的闷热程度，采用湿球温度（WBT）比干球温度（DBT）更符合实际感觉。此外，影响温度条件的因素还有气流。一般来说，气流增大会促进对流和蒸发，增加凉爽感或寒冷感，当存在1m/s的气流时，会感觉到气温似乎降低了2℃左右。综上所述，温度条件的四个因素（气温、湿度、气流、辐射）综合参与对体温的调节或寒暑感觉的影响，但依然以被试者的主观评价为基础。

除了衣着会使舒适条件不同外，人体处于不同的活动状态时，由于身体代谢量的不同，对舒适温度的要求也不同。由于运动代谢量增加，所以最佳温度理应降低。通常认为，气流在10cm/s以下，湿度为50%～60%，身着普通衣服时，脑力劳动以25℃左右感觉最舒适，体力劳动以20℃左右感觉最舒适。

从实际调查来看，女性相较于男性更喜欢较高的室温。就年龄而言，老年人比年轻人怕冷。此外，人们对季节温度的适应往往有一个延期期。如初春和秋末，在室外气温相同的条件下，会感觉初春寒意更浓，而秋末还有余热在身之感。一般认为这种差异是由于衣着和身体活动量（代谢量）的不同引起的。但并不是所有的性别差、年龄差、季节差都能归因于此。在人们所处的实际场所中，不同建筑物内外环境的气温、气流、辐射的差别较大，环境温度条件处在不断变化当中，身体的调整也在反复地进行，因此需要结合特定场域，针对具体问题具体分析。

2. 压力与痛觉

人体与其承受的接触面大小会产生不同的压力，当压力超过了疼痛的感觉就会造成伤害。影响痛觉的因素有很多，不同年龄、性别、情绪或是在身体不同部位，痛觉阈是不同的。例如：食指可受力16kg，中指21kg，小指10kg，超过这些限度会引起痛感，甚至造成肢体损伤。皮肤受到足够强的、机械的、化学的种种刺激，就会产生痛觉。与其他感觉相比，痛觉没有专一的适宜刺激。痛觉的生物学意义在于它是危险信号，能动员机体进行防卫。人和动物的各种组织，如皮肤、肌肉、筋膜、神经以及各个器官受到不同的强烈刺激都会产生痛觉，而痛觉又受到人的情绪、动机等因素的影响，因此有关痛觉的研究非常复杂。

痛觉的反应是多样的，包括语言（呻吟、哭喊等）、面部表情、躯体动作以及各种生理反应。皮肤痛觉与深部痛觉、内脏痛觉紧密联系。按痛觉的性质来分，一般分为锐痛和钝痛两种。如果外界的伤害性的刺激作用于皮肤是短暂的则感到锐痛，如果是较长时间的则感到钝痛。

身体不同部位的痛觉阈中，上肢、背和下腹的阈值较低；头颈和下肢的阈值较高。女性的痛觉低于男性，并且有随着年龄的增加而增高的趋势。影响痛觉的因素有很多，如年龄、性别、情绪、专注程度、暗示、判断等精神因素以及植物神经系统的功能状态、室温、测定时间等。实验发现，一个痛觉可以影响另一个痛觉。这种影响常表现为痛觉阈升高或痛觉强度降低，以及痛觉消失和痛觉点位移等，中医的针灸疗法就是运用这个原理。

没有痛觉或痛觉过于迟钝的人是很危险的，因为他失去了对危险性刺激的反应信号。痛觉的特性对于医学研究有很大的指导意义。皮肤的痛觉反映在与空间界面的关系中，而身体内部的痛觉与环境振动、环境噪声、局部过热环境有关。痛觉与空间界面的关系要求在室内局部构配件设计中，凡是接触皮肤的部位如扶手、台口、墙角、设备拉手和开关等要保持圆润光滑，以免造成皮肤受伤。痛觉与环境振动的关系表现在要避免振源的持久振动引起皮肤或内脏的持久钝痛，轻者会使人麻木，重者可能会损伤器官。痛觉与环境噪声的关系表现在防止高强噪声对人耳的损伤，如果噪声源无法控制，最有效的方式是做个体防护。痛觉与局部过热的关系表现在要防止蒸汽、开水、高温的金属开关及火苗等热源的烫伤。由此可见，痛觉不是单一刺激引起的，痛觉与室内外环境的关系涉及人体多种器官的参与。

3. 材料应用

材料的应用与人们的日常生活直接相关。一些公共建筑惯用石材做地面和墙面的材料，虽然视觉效果较理想，但有些石材有放射性，会对人体健康造成危害；地面铺材选用得过于光滑，会增加滑倒跌伤的概率；在近人墙面采用粗糙而坚硬的表面材料进行装饰易使人挫伤、碰伤……同时，防火安全因素也是材料应用必须考虑的问题，对于容易引起火灾的可燃易燃物或在火灾中可引起有毒物质释放的材料应禁止使用。因此，材料的选择与应用是一个科学严谨的工作。

（1）材料的导热性

在冷天，人们的皮肤接触浴室里冰冷的瓷砖时，身体觉得发冷，会产生一种畏缩的感觉。人们之所以会感到发冷或者温暖，是因为在人的皮肤上分布有称作冷点和热点的组织，它们对周围的温度敏感，使人产生了冷或热的感觉。很显然，这些冷点或热点都是为接受感觉而准备的，这就是通常所说的鲁菲尼小体和克劳斯小体。由于皮肤上分布有感觉接收器，人对冷热的感觉在很大程度上被皮肤的温度所左右。因此，恒温动物的体温调节机构，也是为了控制皮肤表面温度而设置的。例如，热的时候可以出汗散热，冷的时候要起鸡皮疙瘩使皮肤收缩，当汗毛一竖起来，会立即抑制皮肤的散热反应。此外，人们虽然穿衣服，但露着的部分接触各种东西的机会还是相当多的。以光脚为例，如果冬天地板是凉的，自然会感到不舒服。但夏天则反之，本来是使人感到不舒服的冰凉，却变成了舒爽之感（图2-40）。

在住宅中，皮肤经常直接接触的地方很多，那么这些地方使用什么材料，才不至于在冷的时候使人感到不适？关于这个问题万德尔海德（Vandlrh）给出了很有趣的答案：当皮肤接触物质的时候，之所以产生不愉快的感觉，应当认为是由于接触的瞬间，皮肤温度迅速下降所致。其下降的程度因材料而异，于是就会产生舒服或不舒服的不同感觉。他还实际测量了在脚掌和地面装修材料之间温度下降的情况，绘制了一幅曲线图，图中纵坐标表示接触瞬间的脚掌温度下降程度，横坐标表示接触瞬间的地面温度（图2-41），如当地面温度为20℃时，如果是木地板，则脚掌温度下降1℃。从图中明显看出，由于材料不同，温度下降的程度不同，由此可以从实验结果和日常生活经验出发，做出以下的推论：当地面为木地板，表面具有17℃或18℃的温度时，才能使人感到舒适。因此，脚掌的瞬时下降温度如能在1℃以内，对人才是适宜的。

图2-40　地材

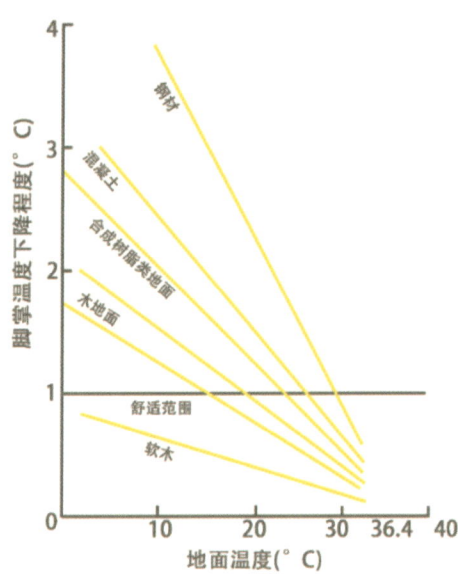

脚掌和地面装饰材料之间温度下降曲线

图2-41 脚掌温度与地面材质的关系

由此可知，由于夏季和冬季地板的表面温度不同，夏季本来感到很舒服的地板，到了冬季，由于温度下降，就会使人感到发凉。从图中可以看出，对地板的接触感觉与地板表面温度有关。例如，当冬季室内温度为18~22℃时，假设地面的温度是18℃，自然就可以决定地面用什么材料合适。但是如果不适当地提高室内温度，或者地面保温不好，热量就容易散失，因此在冬季要保持地面温度为18℃也很困难。由于皮肤的触感并不单纯由表面温度条件来决定，材料表面的凸凹肌理对其也有影响。例如在湿的浴室入口，铺设粗糙干燥的草垫比起光滑的材料，触感要好些。触感问题涉及材料的温度、质感、肌理等方方面面，需要全面、细致地结合使用者的感观体验进行综合考量。

（2）地面防滑问题

石材、水磨石这类的人造石材都是容易打滑的材料。除去材料本身防滑性的因素，关于地面打滑问题，需更多关注对腿和脚引起的疲劳问题。正因为把注意力始终集中在防止摔跤上，腿部肌肉相当紧张，才很容易引起疲劳。特别是从侧面进行观察时会发现，疲劳情况下步距要比正常时小10cm。

（3）擦伤

前述的地板防滑问题是由于摩擦力太小造成的，但盲目增大摩擦力同样不可取。事实上，摩擦力的大小取决于人们的使用场景与方式，尤其是与身体接触的细节部位。人们多少有过这样的经历，在春夏穿衣比较轻薄的时节，当身体的裸露部位快速地与墙面、栏杆扶手或其他的接触部位发生摩擦时，如果接触面材料是摩擦力较大的橡胶、塑料等，皮肤表面会出现擦伤，甚至由于此类材料较差的导热性，摩擦瞬间产生的高热会在皮肤表面造成类似烫伤的损伤。因此，在楼梯间、走廊、电梯等空间窄小、人员较多、流动性大的室内环境中，墙面、扶手等经常与人接触的部位应该注意以人的使用方便、安全为前提，在选用材料时尽量考虑摩擦力适中的材料（图2-42）。

图2-42 三时享院实景

（4）静电

静电在生活中无处不在，于北方地区的干燥冬季尤其多见。静电在物体相互摩擦时产生，脱掉毛衣时的噼啪作响、蓬松站立的头发等场景都是静电的作用。人们经常会忽略静电带来的危害，当它积累到一定数量时会放出火花。人体产生的电压虽然因材料而异，但最大可达10000V以上。由于电流很小，安全性可以得到保障。当人体电压达到3000V以上时，就会和例如门的金属把手产生放电作用，产生使人刺痛的电火花。

为了减少这种现象的发生，首先需要研究地面的装修材料。图2-43是人在各种地毯上行走时可能带上的静电量的实验数值。图中显示：羊毛和尼龙地毯在空气干燥时产生的静电量较大，容易放电；与之相反的是，聚丙烯和聚乙烯地毯在电压值上呈现得很小，不易产生静电，

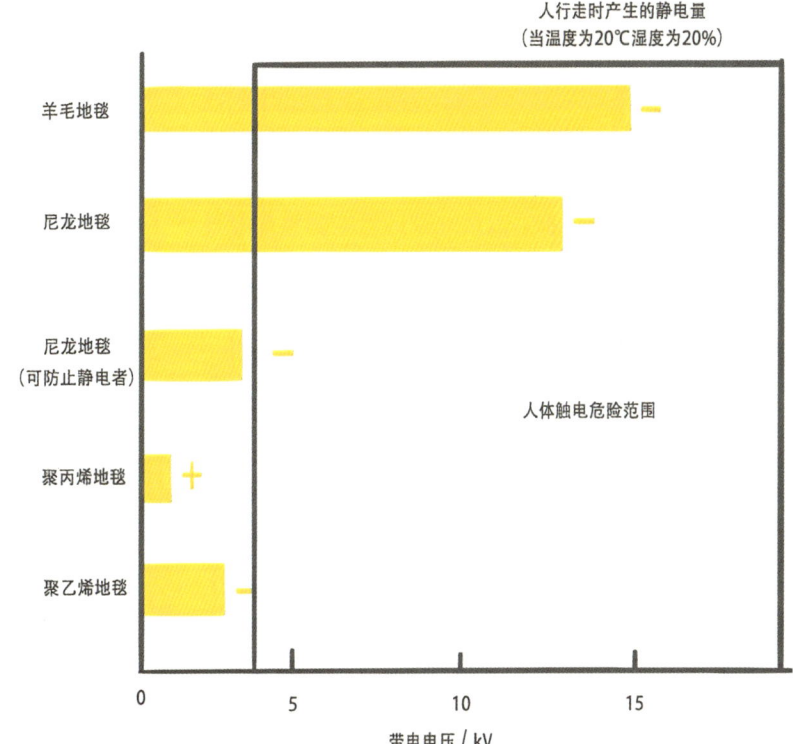

图2-43 人体在不同材质地毯上行走产生的静电量

因此可以广泛应用在公共场所铺地中。防止静电的另一个措施是控制温度与湿度。当室内温度为20℃，湿度大于60%时，不会发生静电打人现象。

第四节 行为与空间环境

一、环境行为学基础

（一）研究内容

环境行为学比环境心理学的范围更窄，注重环境与人的外显行为（over action）之间的关系与相互作用，应用性更强。台湾学者王锦堂将环境行为的研究内容分为三类：其一，对人工环境的研究，探讨了人造环境中的相关内容，包括建筑物的色彩、大小、造型、周围环境，以及各种都市空间与人所产生的行为的关系等内容；其二，对社会行为的研究，主要针对不同自然环境的研究以及对社会行为的研究；其三，对自然环境的研究，主要针对人类在自然环境中受到环境刺激所引发的相关行为与感觉方面的研究。环境行为学也可细分为五个研究方向，即环境知觉与环境认知的研究、环境社会学的研究、环境行为研究、环境保护研究和设计评估。

（二）行为学科的发展

环境行为学力图运用心理学的基本理论、方法与概念研究人在城市与建筑中的活动及人对环境的反应。环境行为学作为心理学的一部分在20世纪60年代兴起，而心理学已有100多年的历史。心理学在早期即19世纪末到20世纪50年代有所谓的"环境决定论"

（environmental determinism）等带有机械唯物论色彩的理论，偏于实验室研究。30年代在包豪斯尝试开设心理学课程，但行为科学与建筑（空间）设计的联系并不紧密。环境心理学在世界范围内的发展于70年代掀起高潮：美国1969年发行《环境与行为》期刊；英国、德国、法国以及北欧地区的国家都展开了环境行为学的研究。亚洲地区则于1980年在日本举办"人类行为"学术研讨会，环境行为学在世界范围内得到了长足发展。

二、行为方式

（一）人的行为习性

人的行为习性是指人在与环境交互作用的过程中逐步形成的适应环境的本能。在生活中人的行为特征可分为常态与非常态两类，呈现出各自不同的行为特征。

1. 人在空间中的秩序

在具有实际功能的场所中，尽管存在个体特殊性，但人们的行为仍然有规律可循，在特定的时间与地点总会进行着相似的群体活动。例如，在交通站点周围停留者的行为，近80%的人是在候车。而这种秩序又是具有时间性的，如在早晚通勤高峰的人流移动得非常快，其他时间段便不会呈现这种状态（图2-44）。

2. 人在空间中的流动

流动是人们日常活动的常态，包括游览参观中的策略性流动、购物中有目的但无规则的流动、休闲与游逛中的无目的流动等。无论是处于何种状态，人们在流动时总会受到周围空间环境的影响而调整或改变流动的状态。这种流动状态与空间环境的对应关系是对室内外环境布局、形态作出评价的基础之一。人流方式大体上分为以下四种（表2-10）。

（1）目的性较强的流动
流动的方向、经过的路线通常是固定的，一般在空间上总是选择最短的路程。特别是流动的方向性，从两个有密切功能关联的空间环境之间可以看到相当大的定向人流。

（2）无目的性的随意流动
没有确定的目的地，为完成另外的任务而随意移动的人流，其方向、经由路径没有明确选择，但会因性别、年龄、天气的关系引起流动线形的差异性。

（3）移动过程即为目的的流动
旅游是这种流动的典型行为，旅游者通常关注在途经的地点努力寻找丰富的意义，流动路线和顺序是事先计划并确定的。计划本身是否合理直接决定了旅途的体验感。

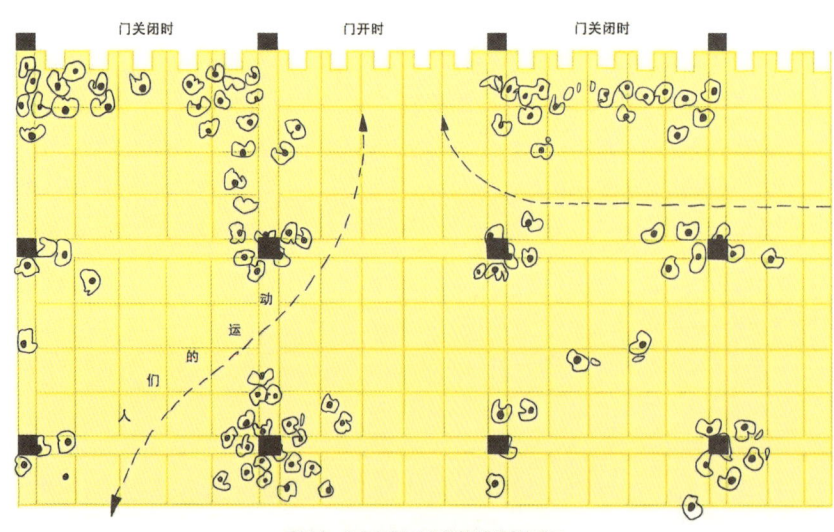

在日本一个火车站上人们等车时所选择的位置

图2-44 地铁站的人流

（4）停滞或休息状态的人群

严格意义上这并不能被称为流动，应该看作流动过程中的间歇或由于其他因素对流动造成的干扰。它是否会发生、其程度如何，诸如此类的问题成为确定实际空间规模、形态的重要依据。

表2-10　　　　　　　　　　　人的流动类型

人流的内容	图像	行为	平均步行速度/(m/min)
F1：具有行为目的的两点间的位置移动		避难、通勤、上学	80~150
F2：伴随其他行为目的的随意移动		购物、游园、观览	40~80
F3：移动过程即行为目的的移动		散步、郊游	50~870
F4：流动停滞状态		等候、休息、咽喉地带	0

对于人们的流动特性可以通过观察对其进行定性定量，作为交通空间与流动线路的设计依据。流动性的指标可以通过步速、步距和步数来表述。公式为：步数=步速/步距×时间。流动性与空间的关系有几个指标：流动密度、流动系数和断面交通量。

流动密度是着眼于单位面积中人数与流动性的关系，美国约翰·杰·弗鲁因提出了步行者空间模数的概念，用每个人拥有的空间单位来表示。他对不同的路面按通行能力分成6级。步行速度与流动密度有直接的关系。

流动系数是表现人流性能的有效指标，它表示在空间的单位宽度、单位时间内能通过的人数，是最明确地表示人们与空间对应状态的关键数值。

断面交通量是在单位时间内通过某一地点的行人数量。掌握了这一数据可以明确空间的利用模型，特别是对大型建筑环境通路宽度的确定、高峰时间节点的测定等具有重要参考价值。

3. 人在空间中的分布

在一定广度的空间里，被人们占据的某个空间位置即空间的定位。受所处空间环境结构的影响，人群有明显的分布规律的。通过观察车站、广场、校园等地停留人群的行为可以发现人们在空间的分布特性。

（1）常态行为

①捷径习性：指人在穿过某一空间时总是尽量采取最简捷的路线，不会轻易被其他因素所影响，也称为抄近路习性。如公园绿地中即使周围设置了简单路障，由于其位置阻挡

人们的近路，结果仍旧被穿越，长期踩踏形成了小径；展厅中人们通常会花费较多时间在就近的展品周围驻足停留（图2-45、图2-46）。

②识途性：识途性是动物的习性，人类也有这种本能，即当人们不明确要去的目的地或不熟悉路径时，总是遵循同一路线返回的现象。这就提醒设计师在空间布局和流线安排上要尊重人的行为特点，提高室内外空间的使用效率。

③左侧通行与左转弯：在公共场所观察人的行为路线及描绘的轨迹，明显会看到左转弯的情况比右转弯的情况多，这就是人的左转弯和左侧通行的行为共性。这对各类人流密集的公共空间出入口，如电影院、购物中心等，展览馆中观众的参观路线、商场柜台布置、展厅展面安排以及楼梯位置等的确定均有指导意义。

④从众效应（Bandwagon Effect）：从众效应，也称乐队花车效应，是指当个体受到群体的影响（引导或施加的压力），会怀疑并改变自己的观点、判断和行为，朝着与群体大多数人一致的方向变化。即个体受到群体的影响而怀疑、改变自己的观点、判断和行为等，以和他人保持一致，也就是通常人们所说的"随大流"（图2-47）。

（2）非常态行为

①追随的本能：人们在火灾、水灾、地震、沉船等重大应激事件面前，由于事发突然，会表现出恐慌、求生、躲避、趋光、从众追随的本能，往往会无视标志及文字的提示，盲目跟从人群去向。而且，人们在室内空间中流动时，常具有从暗处往较明亮处移动的趋向。这些"领头羊""随大流"和"趋光性"等行为习性对室内安全设计有很大影响。因此当发生火灾或异常情况时，要有正确的导向，避免一人走错，多人尾随。

②恐高症：人类的祖先自丛林迁徙至平原后，身体进化出了新的平衡感，不再适应林间树梢，对高处渐渐产生了本能的畏惧，表现为血压和心跳的变化，且这种生理症状与高度值呈正相关，高度越高，恐惧心理越重。人们在这种情况下，衡量的标准主要是主观心理感受。如在高层建筑中，离地面越远，人们越觉得空间狭窄，心理恐惧感越重，这是因为离地面远使人产生疏离的孤独感。

③幽闭恐惧：幽闭恐惧在日常生活中较为常见，表征

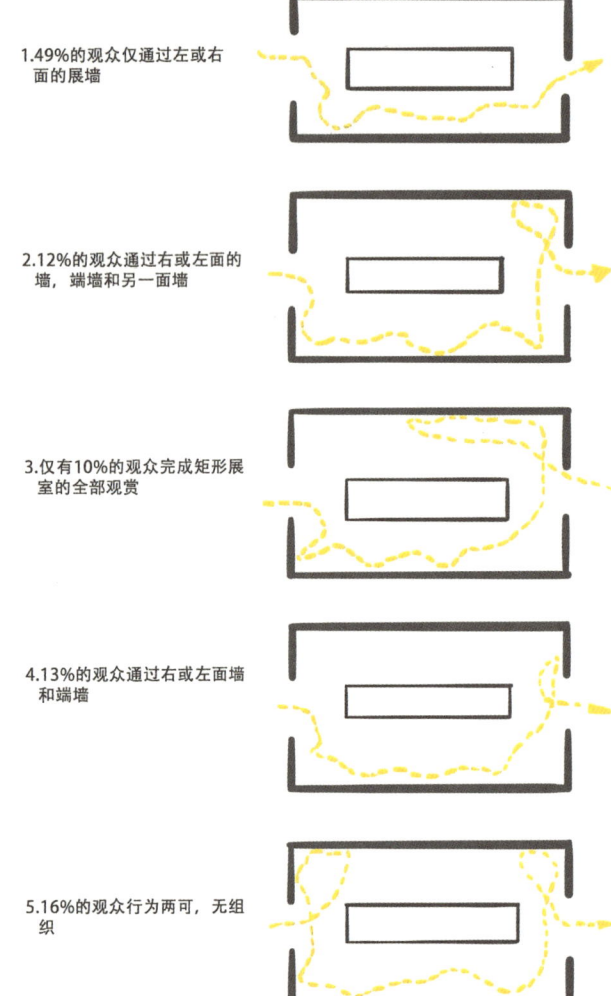

1. 49%的观众仅通过左或右面的展墙

2. 12%的观众通过右或左面的墙、端墙和另一面墙

3. 仅有10%的观众完成矩形展室的全部观赏

4. 13%的观众通过右或左面墙和端墙

5. 16%的观众行为两可，无组织

图2-45 美术馆人流动线

图2-46 十字路口的人流

图2-47 从众心理的顾客

轻重不一。有的人在电梯轿厢或飞机机舱中总有一种焦虑感，表现为不同程度的胸闷、冷汗、惴惴不安，认为"万一"发生事故便无法逃脱，这原因在于某些特定空间形式断绝了人们与外界的直接联系，使人对自己的生命抱有危机感。现代空间的构成日趋复杂庞大，相对隔绝与封闭的空间对人们的生理与心理健康都会产生不利影响。因此，在相关设计中应重视使用者与外部环境的联系，构建具有安全感的宜人氛围。

（二）空间环境与人际交流

1. 四种人际距离

四种人际距离由人类学家爱德华·霍尔（Edward T. Hall）提出，分别为亲密距离、个人距离、社交距离、公众距离。

（1）亲密距离（Intimate distance）：0~450mm
亲密距离主要指亲密关系所能呈现出来的距离状况，如家人之间、情侣之间的距离。这种距离双方的身体最为接近，说话的声音响度也最低，能感受到对方的体温和气味。在家庭居室和私密性很强的房间里会考虑这样的人际距离。

（2）个人距离（Personal distance）：450~1200mm
个人距离符合人体真正可控的交流空间需要，指可以伸手碰到对方，虽然认识却没有特别关系所呈现出来的距离情况。这种距离可分为两个区间，较近为450~760mm，是能观察到对方面部细节和细微表情的距离；较远为760~1200mm，此距离与个人空间距离基本一致，说话的声音响度也较为适度。个人距离一般是与好友交谈和握手的距离，家庭餐桌上的人际距离也是这种尺度。

（3）社交距离（Social distance）：1200~3600mm
社交距离指1200~3600mm的人际距离。同样可分为两个区间：较近为1200~2100mm，此距离双方不会干扰对方的个人空间，能够看到对方身体的大部分，这一般是人们进行工作、社交的距离；较远为2100~3600mm，被认为是正规社交场所采用的距离，双方的身体都能被看到，但面部细节被忽略，说话的声音响度稍大，但感觉到声音太响时会自动调节双方的距离。在酒店大堂休息区、小型洽谈室、会客室、起居室等场所，就表现出这样的人际距离。

（4）公众距离（Public distance）：3000~6000mm
公众距离指交往个性化程度降低，需邀请进入所呈现出来的距离情况，例如课堂、讲座现场等。

人际距离因人们所在的社会集团（文化背景）和所处情况的不同而异。熟人或陌生人，以及不同身份的人，人际距离都不一样（熟人和平级人员关系较近，生人和上下级较远），身份越近，距离越近。因此霍尔把人际关系按距离分为四种，即密友、普通朋友、社交、其他人。也有实验对等车的人进行观察：男人比女人站得离他人更远，异性比同性更远些。可见人际距离的大小也与性别有关。

社会心理学家欧文·奥尔特曼（Irwin Altman）根据

私密性、个人空间、领地和拥挤4个行为概念分析人们如何利用环境影响同他人的社会交往（图2-48）。他指出："私密性是一个核心调节过程，可以通过一个人（或者群体）使自己更容易或更难以接近。而个人空间和领地行为这两个概念指的是这样的机制，其运转是为了达到人们期望的私密程度。"当这些"机制没有有效地发挥作用，导致过多不情愿的社会交往"时，就会发生拥挤现象。

个人空间

图2-48 个人空间与心理空间概念图

2. 私密性

奥尔特曼将私密性（Privacy）定义为："对接近自己或自己所在群体的选择性控制。"这就是说，私密性不能简单地理解为个人独处的情况，独处是人的需要，而交往也是人的需要，它所强调的是个人或群体相互交往时，对交往方式的选择和控制。所以，私密性是个人或群体有选择、有控制地与他人接近，并决定什么时候、以什么方式、在什么程度上与他人交换信息的需要。与私密性相对的概念是公共性，公共性可以理解为人对公共生活和相互交往的需要，它同私密性一样都是人的社会需要。

私密性空间是通过一系列外界物质环境所限定，来巩固个人心理环境的独立的室内外空间。在环境设计中，巧妙地利用空间的过渡区及一些角落、转角等地方，就会形成私密空间。空间平面布局决定了住宅的私密程度，室内的私密性和活动空间由主人控制。按照我们的文化，关闭的门就是禁止入内的界线，可以给里面的人提供私密空间。还可以在用植物营造的静谧空间中设置一些坐憩设施来吸引人逗留，以供人们进行读书、静坐、交谈、私语等活动。

如果说领域性主要在于确定空间范围，私密性则涉及在相应空间范围内遮挡和隔绝包括视线、声音等方面干扰。

3. 个人空间

每个人都在一定的区域里面活动，这一区域随着个人的需要和社会环境的变化而扩大或缩小。其大小因个性、年龄和文化背景而不同。个人空间的大小决定了我们的感受、经历和对特定空间的利用。空间关系学研究的是个人和社会的空间需要，以及我们同周围环境的相互作用产生的行为及社会影响。通过研究这种空间关系模式，设计者设计的居室可以让人们在里面实现各种需要。

4. 领地

领地是经过特别界定的一块区域，它通过保护性边界标志来表明、控制和使其个人化。通常这是我们生活中唯一能够控制的空间，它满足了我们表达自我的需要，表现了我们的个性。这种习惯似乎可以使日常生活显得平静安稳。

5. 拥挤

拥挤似乎会导致领地行为；对领地的控制能减少拥挤带来的压力和过分刺激。而有时拥挤也是人们需要的，比如我们会想要找一个挤满人的舞池或运动场，因为密集的人群也是乐趣的一部分。

三、空间策略及案例分析

(一)空间尺度

空间尺度影响着我们的生活体验,这一与人性化维度相关的构成空间的重要因素刺激着我们的感官,持续影响着我们的幸福感。在此,笔者借由比利时摄影师克里斯·普罗沃斯特(Kris Provoost)所拍摄的题为《东方伊甸园》的一组照片,描绘香港空间尺度之争,阐述历史变迁,强调科学事实,从而突显尺度是如何影响我们的日常生活的(图2-49)。

在摄影作品《东方伊甸园》中,普罗沃斯特捕捉到了香港所面临的城市困境。香港是世界上拥有摩天大楼数量最多的垂直城市。20世纪50年代以来,为解决住房短缺、土地成本和人口持续增长的问题,香港一直在建设高密度的"新城镇"。这些新建的大型住宅区高达70层,雄踞在填海区一组多山的岛屿上。这些住宅区的景象侵扰了自然景观,突显了高层住区和郁郁葱葱的山势之间令人印象深刻的空间尺度之争。这一组照片提出了这些区域未来的宜居性问题,并揭示了其中人性化维度的缺失。

在20世纪20年代,现代主义设计宣扬距离远、楼层高和建设快的城市发展模式。随着新技术、新材料的涌现,舒适宜人的空间比例逐渐消失,罔顾传统认知的庞大尺度出现了。巨大的建筑群留下的是冰冷的、非人性化的、千篇一律的城市环境。城市是建筑单体和大型道路建设的集合体,由于缺乏对人性化维度的关注,我们的城市最终呈现出以大尺度建筑服务于小尺度人的状态。至20世纪60年代,简·雅各布斯(Jane Jacobs)在《美国大城市的死与生》一书中指出,这种城市规划思想所产生的独立建筑单体将会使城市空间和都市生活走向消亡。人们终于开始对城市环境发出质疑。

图2-49　摄影作品《东方伊甸园》

人们在城市建设的过程中逐渐意识到人性化尺度的重要性，首先开始就人体的尺度展开思考。拥有水平视线的人类往往在直行过程中看不到他们上方的物体。因此，低矮的房屋可以调动我们的"水平感受器"，而高层建筑则不能。实际上，我们的视角局限在水平线上方50°～55°的范围内，不轻易抬头观察。这些视觉传感器影响着我们对周围空间的理解，使人们更容易体验低层建筑空间。在《人性化的城市》一书中，扬·盖尔（Jan Gehl）指出，"在街上，我们很难感知到建筑上层空间里发生的事情，楼层越高越难观察到……实际上，到了五层以上，高层建筑和街道平面之间的联系就被切断了……他们不再属于城市空间了。"事实上，高层建筑很容易与周围环境脱节，也很难参与到城市生活中去。

"较小的空间尺度定义了不同的空间体验，它与人体尺度相协调的同时可以在城市环境中产生交流、联系，营造温暖、亲密之感，所以人们更容易逗留在低层建筑周围。人们在城市中的舒适感和幸福感与城市结构和城市空间同人体、感官及相应的空间维度、尺度的协调性密切相关。"我们的空间体验很大程度上取决于周围环境的尺度。无论是在空间中徘徊、四处游走或是起身离开，我们的行为都与所处环境的整体空间尺度、形态直接相关。这种体验感越是轻松自然，我们就越倾向于在这个环境中驻留。

城市需要高建设密度，但不能忽略人性化尺度问题。为此，现代城市规划宣扬的是将吸引人的城市空间、合宜的尺度和清晰的层次结构相结合的规划模式。为了不破坏人性化尺度，扬·盖尔表示，"原则上应在视线高度上建设具有吸引力和凝聚力的城市空间，并将大型建筑置于视线范围上方。"因此，在理想情况下，城市建设将会涉及不同的空间尺度。由于大多数城市中的庞然大物已然存在，所以解决现有问题的有效途径就是通过对人文景观品质的干预，缩小视觉范围，并构建平易近人的空间环境。

（二）空间动线

空间动线可以梳理空间界限，重组、串联空间格局，进而衍生出新的使用方式。

第十届筑巢奖参展作品、位于成都的"独白"住宅设计，由紧凑的两居室改为舒适通透的一居室，同时引入LDK一体化设计，让客厅、餐厅和厨房共处于一个开放空间内，整个户型开放且流畅。中岛的设计将厨房和餐厅连在一起，空间通透性更佳，互动性增强，让做饭、用餐变成家庭生活的核心。原来餐厅和卫生间之前的隔墙被推掉，改为收纳性极强的储物墙，满足餐厅区域的储物需求。同时为了减少卫生间洗手台狭窄的感觉，在空间视觉上做了一些处理，在原本完整的储物柜中间留一个空隙，让视线延伸至洗手台的一角。同时在洗手台这一面，洗漱的同时也可以看到餐厨区一角，不论从哪个角度看过去，都是一种空间层次的叠加，增加了韵律感与趣味性。客厅和卧室阳台打通，使视觉更加开放，动线更加流畅。将原来狭小的卧室门，改为到顶的双推透明玻璃门，使原本独立的衣帽间和公共区域相连。推拉门轨道提前预埋到吊顶里，省去传统推拉门的外置轨道，并且采用极细边框的玻璃门，更凸显了界面的整洁。

设计整体流畅，通过对流线的梳理与重构提升了空间的弹性与可适应性，实现了设计品质的综合提升（图2-50）。

（三）空间布局及案例分析

打破传统布局对空间进行重构，也是塑造使用者新型行为模式的有效策略。

"桥屋"是一次对Loft公寓式住宅的重构，也是一次对共居者情感的重构。这个空间利用Loft的层高优势，在空间中架起"桥廊"，创造出开放性的共享空间，从而建立起共居者的情感纽带。

该项目位于北京市昌平区住总万科天地，为混凝土结构的商业Loft公寓。房屋处于整座塔楼的西北角，单层建筑面积40m²，高度为4.2m，室内空间拥有两扇大面积的采光玻璃窗，临窗处有混凝土地梁抬高。委托方是一对母女，女儿从事美术馆策展工作，对自己的家有着非同一般的要求与期待。为充分发挥Loft的层高优势，设计师利用两面巨幅的采光口对应做出两个纵向贯通的垂拔挑空，置入"桥廊"形态，在赋予房屋奇特的结构形式的同时，弧线结构特性形成了一

图2-50　住宅设计作品《独白》（设计师：陈林）

个又一个的聚合点，以尽可能模糊上下两层的边界，让公共空间得以最大化利用和贯通。

一层主要解决起居空间的功能诉求，利用地台结构做成两个休息区，精确控制楼梯与层高的关系，使人在其中游走得恰到好处。通过二层平台纵向垂拔贯通，大面积采光的同时，三个层级相互观望，给人与人之间建立更多沟通的可能。为了增加自然采光，厨房与小卧室之间设有采光口。整体地面使用的是微水泥，无缝隙的材料特性赋予空间更多的整体性。休息区的沙发具有强大收纳功能，结构、光影与机能自成一体。旁边隐藏了一个可以独立封闭的小卧室，这是沙发地台的延伸，也为业主母亲提供可以长期居住的睡眠空间。房屋采光均为玻璃幕墙，用餐区是唯一设有开窗的地方，整个平台拥有非常好的视野，可以眺望远方山色，也可以纵观全屋，作为房间的景观节点，拥有非常独特的聚合气质。

二层楼梯设置到原始柱体的后方，在空间扩张后也能给予人意外的路径与发现，这是通向二层桥廊的前奏。内部设置了储物间，让生活中难免产生的凌乱物品也可以有序收纳。"桥廊"形态的置入，既能使整体空间得以延展，也为二层居住创造很好的隐私路径，空间恰到好处的隔而不断，秩序感油然而生，宛若一座小型美术馆，这样的气质也与业主本身相契合。经过"桥廊"过渡到卧室，仅有14m²的卧室仍然包含了双分离式的独立卫生间和淋浴房，储物、梳妆、工作等功能应有尽有。地面选用实木地板，增加居住的温馨感。为了保障淋浴房的舒适度，将淋浴空间局部降低，整体色调与卧室地面相区分。而卧室中弧形的窗户与共享垂拔空间相连，彼此之间既相互独立又相互关联。

整个项目通过利用Loft的层高优势以及两面巨幅的采光口，引入"桥廊"形态，保证大面积采光的同时，赋予房屋奇特的结构形式与流动性。在具备功能性的基础之上，对空间解析重构，建立居住者的情感纽带，这是对Loft住宅的一次全新定义（图2-51）。

（a）空间布局分析图

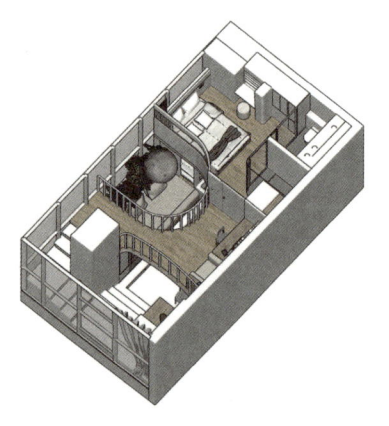
（b）轴测图

（c）卧室

（d）桥廊空间

（e）玻璃幕墙

（f）休息区

图2-51 公寓式住宅空间设计作品《桥屋》

第五节 感官与空间环境

一、视觉与空间形式

（一）视觉陈示

1. 视觉陈示的要素

视觉陈示是一种以视觉为主导的传达、接收信息的方式，是展示设计这一综合的设计门类中的重要部分。视觉陈示需要合理利用空间，在陈示空间中对功能进行分割，既突出强调视觉效果，又注重展示信息的有效传达。视觉陈示需要综合考量内容与形式二者间的关系。形式与内容并不是展示对象的两个对立面，有时内容本身即是形式。只有深入推敲两者间的关联才能将陈示设计的作用发挥得淋漓尽致。视觉陈示范畴中有如下要素需在设计中重点考量。

（1）视距

视距是陈列位置、色彩、照明等细节处理的重要参照。通常情况下，纸质书、地图等的视距不超过4m，控制台的视距不超过手臂的长度。博物馆的平均视距为7.3~8.5m（观众的视距与陈列物品的尺寸有关，美术馆观众的视距远小于上述数字。当画幅在0.6m×0.6m左右时，观众的平均视距为0.8~1.2m，当画幅在1.2m×1.2m左右时，观众的平均视距则为2.5~3.0m）。

陈列空间的形状和放置展品的位置都要考虑视线可及的有效范围，否则会造成视疲劳、视错觉等不良影响。减少眼睛疲劳的一个有效方法是改变放置展品的水平面，以便观看时可以不间断调节焦距而不是固定在某一点上。眼睛喜欢在视区内进行跳跃和静止两种形式的运动，即"游览"和"凝视"。一般大部分人首先凝视所看材料的上方某一点，然后移向视区中心的左边，了解这一点对布置展览很重要。

（2）视角

通常情况下视觉陈示在水平方向上最适宜，垂直方向上也较为常见，但仍需要与展示的内容、形式、传达的观点、展陈空间的整体氛围相契合，合理选择适宜的信息输出视角与观赏视角。设计中需考虑因视角造成的视差。

（3）光色

光与色是不可分割的。展示设计中，照明不仅起到满足功能性照度的作用，更多的是辅助展品展示，烘托空间氛围。在设计实践中通常借助光线使得色彩产生明度与饱和度的变化，增强观赏者的心理感受，进一步衬托展览的主题，渲染场域氛围，丰富观展体验。在光色环境营造过程中需要根据陈示对象及效果确定最佳照明方式。

2. 视觉陈示的设计

视觉陈示主要以各种形式的图像方式呈现，如显示器、印刷品、图文标签等。大致可分为两种：动态和静态。随时间变化的为动态的；固定不变的为静态的。动态的多数是显示器与装置等，静态的大多数是各种印刷品。

（1）显示器陈示

屏面的大小和位置需要考虑人的视野，在较少移动目光的情况下，人观察的范围是有一定大小的，过大则只能观察到位于中心的信息；而过小则会造成视觉疲劳且只注意边缘的信息，因此屏幕的尺寸大小与视距是成正比的，屏幕的位置最好与人的视线垂直，视点在屏幕的中心。此外，长期以来人们总以为屏幕外周围的照度最好是黑暗的，其实并非如此。实验表明，屏幕黑暗部分的明度与周围的明度相一致时观察效果最优，过暗易造成视觉疲劳。

（2）灯光陈示

灯光陈示主要包括灯箱、信号灯和由灯组成的图形装置等。影响灯光陈示效果最主要的因素是亮度。灯光若要引起人们的注意，其亮度至少要两倍于背景的亮度，亮度的大小取决于环境背景的要求，而不是越大越好。同时还应避免分散注意力和眩光。因此，与环境相适应时还要控制光强的变化。同样的亮度，闪光更易引起人的注意。是否采用灯光应根据环境而定。

（3）色彩

出于功能性考量，应尽量避免含糊不清的色彩同时使用，色彩种类也不应太多，清晰明了、简洁美观为宜。但仍需根据展示内容、形式酌情考虑，若考虑陈示概念需要则另当别论，具有丰富变化的色彩形式在视觉上给观者的刺激是最直接且印象深刻的，适用于展示某些特定的设计主题，烘托展场氛围。

考虑功能性标识色彩与周围环境的关系时，就个别信号的清晰度而言，蓝绿色最好（同样的亮度），受背景影响也小，但不易混淆的程度不如黄紫色。从同一色彩来说，色彩饱和度高的受背景的影响较小。红光的波长长，射程远，可保证大视距。但从功率耗损而言，越纯的红光功率损失越大；而蓝绿光的功率消耗小，而且人的主观感觉亮度高，所以实际上在同等功率下，蓝绿光的射程较远。考虑整体效果的美观性时，强光、弱光相隔不要太近，以免相互影响。单个光的陈示往往最明显，光照陈示过多会冲淡对重要信号的注意，应当主次有序。

（二）光环境

1. 光环境概述

光是界定和表现空间的要素之一，离开了光线的照射，视觉中的空间概念和空间精神就不可被感知。光与空间有着密不可分的关系，两者的结合就是光环境。光通过亮度的差异、变化和过渡来限定和连接空间，创造空间形象；光影变化可以制造空间节奏与序列；光本身不具有固定形态，而不同形式的采光口赋予了光不同的外显气质，如透过窄缝形成的线性光便具有强烈的动势和指向性；此外，随着时间变幻的光影也会带来运动感；光通过制造视觉差异性来吸引人的目光，创造视觉焦点；不同的光色、亮度带来不一样空间感受，烘托出不同的空间氛围，塑造空间性格。

光与空间共同形成光环境，通过感知对人的行为产生作用。根据环境感知理论，光通过视觉给人以刺激，使人感知到对象；与此同时还会引起进一步的联想与知觉感受，如色彩的温度感、距离感、动静感、轻重感等。人们对空间的不同认知会促使不同行为偏好的形成。例如人们更愿意在较为柔和的光环境中停留，在条带形光束走道中会不自觉地行进，在黑暗的环境中会向着光源移动等。

我们可将光环境分为自然光环境和人工光环境两类。

自然光环境即由自然光营造的光环境，太阳是自然光的光源，它由天空直射光和天空扩散光两部分构成，其中直射光包括可见光和不可见光两部分。自然光是充满变化的，它的亮度变化显著而颜色变化微妙。这些变化受多个因素的影响，其中最为主要的有三个方面：一是不同的天气条件下大气层中尘埃微粒的数量；二是不同时间段的太阳光线与地平面的夹角，即太阳高度角的大小；三是太阳光穿过大气层的距离远近。正是由于自然光这种不断变化的属性，才为建筑形体和内部空间带来自然光影的律动，赋予它们未经雕琢的魅力。从人性化的感知维度来说，柔和的自然光让人感觉舒适且精神放松；从绿色建筑的视角来审视，充分运用自然光照明可以降低能耗，且低碳安全；此外，自然光还能营造出别具特色的建筑空间，建筑大师路易斯·康曾说过："对我而言，自然光是唯一能使建筑艺术成为建筑艺术的光。"由此可见，自然光对于空间的艺术性塑造也相当重要。故在实体空间照明环境中大量运用自然光已逐渐成为一种设计趋势，如巴黎橘园美术馆的展厅设计。

然而，自然光利用也存在一些弊端。如自然光的不稳定性，它会随着时刻、节气、位置、天气等因素变化而变化，还会被周边建筑和植物等遮挡；同时，不当的自然光引入室内还可能造成眩光或西晒。所以在设计中需充分考虑以上问题，尽量避免不利因素。

良好的光环境应尽可能多地利用天然光源，适当辅以人工照明，保证室内获得充足均匀的光线。与自然采光相比，人工照明的光源更稳定，且易于控制、便于安装，是建筑环境照明的主要光源。因此，接下来将重点对光环境营造中人工照明的相关知识点进行阐释。

2. 光源和灯具基础知识

如今，人工照明的发展已经进入变革期。在温室效应的影响下，节约能源的议题受到广泛关注，人们对高效率的光源有着强烈的诉求。伴随着光源本身技术的进步，新型光源也在不断出现，今后多样化的照明设计将成为人们共同的追求。

按发光原理，光源可以分为热辐射、放电、电致发光三类。热辐射发光的光源有白炽灯、氖灯、卤素灯泡等。这些光源都是由于灯泡里边的钨丝通过电流时产生电阻而发光。因放电而发光的代表性光源有荧光灯和陶瓷金属卤素灯。两者的发光机制都是从电极被放出的电子相对移动过程中，汞原子相互碰撞，再释放出某一波长的电磁波。但是荧光灯内汞原子碰撞时产生紫外线，玻璃管内壁被涂有的荧光物质因接受紫外线而发光。陶瓷金属卤素灯内除了汞以外，还封入了其他金属卤化物，电子相互碰撞时，可以直接发出各种波长的光。电致发光是在半导体中施加电场而产生的发光，大功率LED就属于这一类。

显色性一般是用平均显色指数（Ra）来评价。平均显色指数是用作为评价的基准光源和试验光源（8种颜色）光色的偏差进行判断的。把偏差数值化、平均化，最能忠实再现试验光源光色的偏差为0，Ra数值为100。偏差越大，数值越小。一般情况下，推荐使用Ra数值为80以上的光源。尤其是对色彩再现要求非常高的场所，需要的光源为Ra数值90以上。普通灯泡等温热辐射光源Ra数值为100，由于其优质的显色性而在很多地方都被采用。但是普通灯泡的色温比较低，与白天日光下物体的颜色相比是不合适的。在这种情况下，可以选用色温比较高且显色性也比较高的荧光灯。另外，现在白色光且Ra在90以上的大功率LED也问世了。将显色性数值化听起来可能感到有些难以理解，所以只有相信自己的眼睛。在任何空间的灯光照射下，只要能使物件的颜色充分呈现出来，就会呈现理想的视觉效果。

光源的色温是物体的温度上升时所放射出的热量与颜色的关系，用绝对温度表示。我们可以想象一下，炭在低温烧制时和在高温烧制时，颜色是不同的，且可以数值化。绝对温度的数值越低，红色的感觉就越强，数值越高就会偏向白色。如果绝对温度的数值更高就会显现蓝色的感觉。绝对温度用K（Kelvin）表示。相对来说，想要得到令心境沉稳的昏暗氛围，色温应在2600～3100K；想要得到自然的气氛，色温应在3500～4200K；清爽的气氛可以在5000～6700K。色温对人们的心理有很大的影响，应给予高度重视。在考虑色温的同时也要与空间的亮度一并考虑。

光源向所有方向放出的光量称为"光通量"，用流明（lm）表示。流明的数值越大，说明这个光源就越明亮。实际上，同一种类的光源由于功率（W）不尽相同，所以用发光效率（lm/W）的指标加以考虑。光源的发光效率表示的是光源在消耗1W电能的情况下光通量的大小。比如在一个约14m²的房间里，为了得到平均照度为1000lx的亮度，那么光通量就必须达到3000lm。于是自然而然地算出必要的功率（3000lm/发光效率=必要的功率）。这样白炽灯泡需要187.5W，荧光灯需要27.3W，球形荧光灯需要46W。荧光灯与白炽灯相比，在确保同样亮度的情况下，只需要白炽灯1/6～1/4的电力。所以，按照节能的理念，把现有的白炽灯泡改为球形荧光灯的建议是可以理解的。

了解调光的频率、点亮熄灭的频率、寿命和价格也是很重要的。适合于需要即时点灯、需要调光的空间。光源集中确定后，还要兼顾考虑与价格有关的光源效率、光源价格、灯具价格、使用寿命等因素。

3. 照明灯具的种类与应用

配光是指从灯具里放射出的光线扩散范围和强度。比如说，聚光灯是指配光角度窄，中心灯光比较强的灯具；基础照明灯光的配光角度宽，无论以哪个角度照射，光的强度差都比较小。这种控制就是配光控制。实际上，其作用是让光束在反光镜和透镜的控制下，对所需方向进行照射。

大功率LED的配光一般用透镜控制，其他灯具基本上使用金属反光镜。为了配光还可以制作出各式自由曲线组合的形式，代表性的自由曲线有：抛物曲线和椭圆曲线。抛物曲线主要用于窄角配光，而椭圆曲线主要用于宽角配光。

一般常用的灯具上配置的反光镜外径约50～80mm，这对于白炽灯泡和氖灯泡的配光控制有一定困难，但对于其他的热辐射类光源却极其容易。另外，对于陶瓷金属卤素灯和大功率LED也同样容易。相反，对于球形荧光灯在内的荧光灯配光控制是比较困难的。

此外，除了前文提到的光源效率，还有灯具效率的概念。灯具效率是指灯具发出的光通量与光源发出的全部光通量的百分比。当然，灯具的光源效率比不上灯泡的光源效率。比起把大面积的发光光源封装在狭窄的灯具里使用，把较小的发光光源用较大的灯具照明是最理想的。目前这种做法作为节能策略被人们渐渐接受。

4. 照明方式

在照明规划时要选择与空间使用目的相适合的光源，其亮度、显色性、色温、调光频率、开关灯频率、维护频率、预算等都要考虑其中。常用的照明方式有直接照明、一般漫反射照明、间接照明。不同照明系统下的各项参数值如下表所示（表2-11）。

表2-11　　　　典型照明方式

照明系统	直接照明（90%~100%下照灯）	一般漫射照明（40%~60%下照灯，其余为上照灯）	间接照明（90%~100%上照灯）
	半直接照明（60%~90%下照灯，其余为上照灯）	直接/间接照明（一般漫射照明专用套件）	半间接照明（10%~40%下照灯，其余为上照灯）
	推荐使用的非直接照明方式		
蓝光防护	RG0		
桌面水平照度	300lx≤E≤750lx，建议：500~750lx		
桌面水平亮度（入眼亮度）	入眼亮度（≥80cd/m²）		
视觉健康舒适度	VICO值<2		
照明灯具相关色温	3300~5500K，建议5000±250K		
显色指数	>90		
统一眩光值	UGR≤19，建议：UGR≤16		
频闪程度	10Hz<f≤90Hz	f×0.01	
	90Hz<f≤3125Hz	f×0.032	
	3125Hz<f	免除考核	

在此将列举几种常用的典型照明方式供参考。照明方式根据灯具位置不同可分为：顶棚照明、吸顶和嵌入式照明、反射式照明、导轨投光式照明、展柜照明等，每种形式都各具特点。顶棚照明常用在整个空间内进行大范围照明，其常用光源是白炽灯，可利用磨砂玻璃作为漫射板，将光源的光线投射在漫射板上，以过滤部分的光线，使灯光均匀地洒落在室内，也可根

据具体情况结合自然采光。作为空间的基础照明，顶棚照明的光源照度不要求很高，但要求光线柔和，避免眩光。

吸顶和嵌入式照明是将灯具按照一定的方式安装在室内顶棚上，通常需要结合反光罩来对光线进行控制，即通过反光罩的反射将光透射到墙面或物品上。吸入式顶棚照明方式被广泛用于无吊顶的室内照明内，但该种照明方式的缺点是会造成光源不足，照度减少，而嵌入式照明则需要一定的顶棚深度，否则会给人较为压抑的心理感觉。

反射式照明通常通过灯具或建筑将直接照明的光源隐藏，使光线经过一个反射面反射后再到达需要被强调的物品上，一般采用白炽灯和荧光灯作为光源。这种照明方式的优点是光线较为柔和，避免了眩光的干扰。

导轨投光式照明是光源被安置在一个可以移动的轨道上对物品进行照明的方法，它是博物馆常用的照明方法之一。这种方式可以任意更换所需光源的位置、角度和光色等，安装也较为方便，经常用于博物馆的展品照明。

展柜照明是在陈列柜内或柜外安装射灯对展品进行照明，与顶棚照明相较而言，它有更为精确的照射对象，可以根据展示需要进行具体而细微的调整，通过对这种有针对性的照明使用，可将被照物品的色彩真实还原，质感完美展现，于潜移默化之中使展品成为观众视野的焦点，充分吸引其目光。但应注意其照度不应与周围环境亮度差异过大，实验表明，展示照明和普通环境照明之间的照度比例为3:1时，展品具有最佳视觉效果；此外，还应注意灯具的隐藏以及防止眩光或光源产生的热量和紫外线伤害被照射的对象（如博物馆中的文物）。

5. 城市光污染

按照污染方式分类，光污染主要分为眩光、光侵扰和天空辉光三种形式。眩光就是在视野中由于亮度的分布或范围不适宜，或在空间、时间上存在着极端的亮度对比，以致引起不舒适和降低物体可见度的视觉条件。根据眩光的强度不同，一般分为失能眩光和不舒适眩光。降低人眼视力的眩光称为失能眩光；凡是没有达到失能眩光程度，但是使人产生不舒适感觉的眩光称为不舒适眩光。

光侵扰是指光投射到了不需要照明的地方，影响了人们的正常生活范围所造成的干扰（图2-52）。比如邻居家的照明光线照进自己的窗户和居室，影响自己的生活和娱乐、睡眠（夜间的灯火让人难以入睡），从而感到不适的现象。居民区、宾馆饭店、医院附近实施夜间景观照明需特别谨慎，这些区域的主要功能是休息，过多的夜间照明必然形成光侵扰。

天空辉光是指来自大气中的气体分子和气溶胶的散射

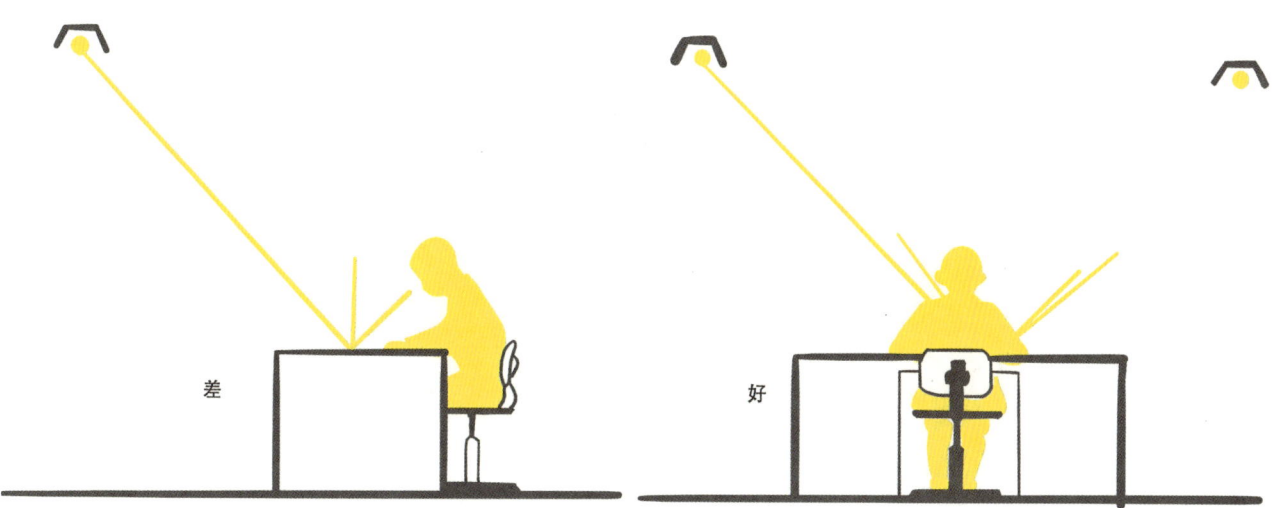

左：照明灯的光线直接反射，干扰视线
右：照明灯的光线向两侧反射，避免眩光

图2-52　工作时的光侵扰

（包括可见和非可见的）光线，反射在天文观测方向形成的夜空光亮现象。它由自然天空辉光和人为天空辉光两个独立成分构成。自然天空辉光是指天体和地球大气上层辐射过程引起的那部分天空辉光；人为天空辉光是指人工辐射源形成的那部分天空辉光（室外人工照明），它包括直接向上和经地面反射到空中的光辐射。

（三）色彩环境

从传递信息的角度，主要考虑的是色彩的观察特性、色彩的诱目性和语意性、色彩的联想；从营造环境的角度，主要考虑的是色彩的心理感觉、色彩的物理感受。

1. 色彩的诱目性

眼睛没有看任何物体，而被色彩自身的性质引起注意的特性称作诱目性。根据实验，色彩的诱目性从强到弱依次为：红＞蓝＞黄＞绿＞白。

在诱目性的实验中，当背景是黑色、中灰色时，其试验结果几乎是一样的。其强弱顺序是黄、橙、红……但是，当处于白色背景时，黄色则很难被看出，因而诱目性改变为红、橙、黄……一般情况下，红色的诱目性稍微优于橙色和黄色，所以红色多被采用。

（1）色彩的认识性

根据实验结果，多种色相的高彩度色彩，在黑色和白色背景下测量认识距离，背景不同其效果完全不同，反映出色彩的认识性取决于色彩与背景条件。明度对比大，它的认识性就强（图2-53）。例如，彩色照片或彩色电影，远比黑白照片或黑白电影受欢迎，前者比后者更易于理解，更符合现实世界。

图2-53　色彩明快的城市广场

（2）色彩的可读性

色彩的可读性体现在色彩图形与背景的明度差别上，差别较大，色彩的可读性就强。可读性最强的色彩组合是黑色和白色。但是白色背景上的黑色图形和黑色背景上的白色图形相比，后者更容易被读出。这是由于黑色有后退的视觉效果，从而提高了眼睛对白色的灵敏度。在有彩色和无彩色的组合中，背景上采用高彩度的有彩色更容易被读出，其中以蓝色背景上的白色可读性最强。色彩的可读性主要用于环境信息标志的色彩设计。

2. 色彩的联想与象征

视觉器官在接受外部色光刺激的同时，还会唤起大脑有关的记忆痕迹，并自发地将眼前色彩与过去的视觉经验联系在一起，经过分析、比较、想象、归纳和判断等活动，形成新的情感体验或新的思想观念，这一创造性的思维过程，即为"色彩的联想过程"（表2-12）。

表2-12　　色彩的联想过程

色彩 \ 年龄段（性别）	小学生（男）	小学生（女）	青年（男）	青年（女）
色彩的具体联想				
白	雪，白纸	雪，白兔	雪，白云	雪，砂糖
灰	老鼠，灰烬	老鼠，阴天天空	灰烬，混凝土	阴天天空，冬季天空
黑	木炭，夜间	毛发，木炭	夜间，黑伞	墨，煤烟
红	苹果，太阳	郁金香，衣服	红旗，血液	口红，红鞋
橙	橘子，柿子	橘子汁	橘子，砖	橘子，砖
褐	土，树干	土，巧克力	皮包，土	栗子，鞋
黄	香蕉，向日葵	菜花，蒲公英	月亮	柠檬，月亮
黄绿	草，竹	草，叶	嫩草，春天	嫩草，衣服里衫
绿	树叶，山	草，草皮	树叶，蚊帐	草，毛绒衫
蓝	天空，海	天空，水	海，秋季天空	海，湖
紫	葡萄，紫罗兰	葡萄，桔梗	裤子	茄子，紫藤花
色彩的抽象联想				
白	清洁，神圣	清楚，纯洁	洁白，纯真	洁白，神秘
灰	阴灰，绝望	阴气，忧郁	荒废，平凡	沉默，死灰
黑	死灰，刚健	悲哀，坚实	生命，严肃	阴气，冷淡
红	热情，革命	热情，危险	热烈，卑俗	热烈，幼稚
橙	焦躁，可怜	下品，温情	甜美，明朗	欢喜，华美
褐	涩味，古风	滋味，沉静	滋味，坚实	古风，素朴
黄	明快，泼辣	明快，希望	光明，明快	光明，明朗
黄绿	青春，和平	青春，新鲜	新鲜，跃动	新鲜，希望
绿	永恒，新鲜	平和，理想	深远，平和	希望，公平
蓝	无限，理想	永恒，理智	冷淡，薄情	平静，悠久
紫	高贵，古风	幽雅，高贵	古风，优美	高贵，消极

第五节　感官与空间环境

色彩的联想符号可分为具象联想符号、抽象联想符号及共感联想符号三种。色彩的具象联想指由观看到的色彩想到客观存在的、某一直观性的具体事物颜色的色彩心理联想形式。人们最初看到的光是日、月、星，并在这自然光中生存、进化，故古人把光明视为希望的化身来崇拜，其宗教活动也离不开明灯和圣火，"火把节"的习俗也由此而来。还有色彩颜料中的橙色、草绿色、湖蓝色、玫红色等都是人们凭借对橘橙、草地、湖水、玫瑰花等具象形态的固有色的联想来命名的。

色彩的抽象联想指由观看到的色彩直接想象到某种富于哲理性或抽象性逻辑概念的色彩心理联想形式。根据伊顿的研究，特定色彩同形状存在着对等的联想关系（所谓"彩色联觉"），如红色暗示正方形，因为红色的重量和不透明性与正方形的静止和庄重相一致；黄色相当于三角形，它的明澈与三角形的无重量性相称；而蓝色则与圆形对应，透明的蓝色与不断移动的圆形相吻合。尽管这些解释带有一定的主观感受成分，但色彩的确能够增强形状的特质，形状本身具有抽象视觉表现效果，如注视黄色，则想到光明、智慧、傲慢、颓废等，而注视紫色则想到高贵、吉祥、神圣、邪恶等。人们对色彩的抽象联想程度是随着年龄、阅历、智力的发展而不断深化与拓展的。

色彩的共感联想指由色彩视觉引导其他感观的联想，如看到红色想到辣味的味觉，或通过辣味的味觉想到红色等。这种联想形式也称"色彩统觉联想"。康定斯基说："刺人的柠檬黄对于眼睛的作用，犹如一声悠长、尖锐的号声对耳朵的刺激。而淡黄色看起来具有酸味，因为它令人想到柠檬的味道。"所以音乐是听得见的色彩，色彩又是看得见的音乐。

3. 色彩的物理感觉

人们在长期的与色彩世界共处的过程中，由于主观感觉与客观环境联系的经验的建立，逐渐形成了对色彩的物理感觉特性。这里包括了色彩的温度感、距离感、体量感、重量感，统称为色彩的物理感觉。

二、听觉与声景营造

（一）声景的概念

声景是建成环境中的重要因素，于20世纪60年代由加拿大作曲家莫雷·沙弗尔（Murray Schafer）提出。区别于传统视角中物理层面上对声音的认识，沙弗尔认为声音与人密切相关，同风景一样，声音也可被定义为一种景观。声景和声环境的概念有所区别。声环境是指环境中的各种声音，包括人声、动物声等。这些声源多样，通过不同媒介进行传播后得到的声音综合起来就是声环境。声环境虽然也包括人为因素制造的声音，但更强调声音的物理性质。声景强调的是人对整体声环境的感知与感受，更具有主观性。因此声景与声环境概念最本质的区别是人因，具体指人与环境的互动，强调人在其中的体验和对环境的反馈与重构。由此声景可被定义为：在特定场景下，个体、群体或社区所感知、体验或理解的声环境；主要研究人、听觉、声环境与社会之间的相互关系。声景是一项听觉生态学的研究，也是营造健康人居环境的重要因素之一。不同于一般的噪声控制措施，声景重视感知，而非仅物理量；考虑积极和谐的声音，而非仅噪声；将声环境看成是资源，而非仅"废物"。声景研究从整体上考虑人们对于声音的感受，研究声环境如何使人放松、愉悦，并通过针对性地规划与设计，使人们的心理感受更为舒适，有机会在城市中感受优质的声音生态环境。

（二）声景营造解决的声环境问题

对于噪声问题，传统的解决方法是降低其声级，目前国内外城市规划及环境保护的标准法规均以声级限值为基础。但是，降噪往往成本过高且并不总是可行，更重要的是不一定会改善生活质量。以城市开放空间为例，研究表明当声压级低于65～70分贝时，人们的声舒适度评价与声压级并不密切相关，声音分贝值的高低与人的心理感受没有绝对的线性关系，也并不直接影响人的情绪感知变化。人们可以在高声级声音环境中有积极感受，也能在声级变化不大但声源类型变化大的情况下产生情绪变化。也就是说当声压级控制在一定范围之内，决定人们感知状态的主要因素并不局限于声音的物理量，声源类型、使用者的特点及其他非声学因素起着重要作用。环境噪声所带来的烦恼只取决于约30%的声能量等物理层面因素。声景即在降噪的同时考虑有利声源的产生与应用，从而营造整体声环境。声景理论、设计策略及技术手段为有效解决声环境问题带来了根本性的进展。

（三）声景研究的现状与应用

自声景概念提出后，声景研究主要集中在社会文化、管理学、生物声学等领域。其中加拿大音乐学家默里·舍费尔（Murray Schafer）和巴里·特鲁克斯（Barry Truax）等从多学科交叉的视角探讨了声景对人的意义、声景的符号意义、声景的社会反映、声景的表征以及声景的空间概念，将声景分为基调音，信号音和标志音，并指出理解和识别一处声环境时，需注意三种声音之间的关系。他们发起的世界声景项目为北美、欧洲声景研究奠定了基础。虽然前文沙弗尔所探讨的问题并未在那个时代得以全部解决，但无疑建立了一个视野宽阔、内容丰富的研究构架，突破了对声景物理概念的认知，使其浸染了人们的认知、拓展了社会文化、时间、空间等维度，而成为一个立体、动态的复杂对象。声景研究涉及的学科领域十分广泛，如声学、城市规划学、建筑学、景观学、工程学、心理学、社会学、人类学、生态学、民族学、人文地理学、医学、美学、语言学、音乐学等。

新西兰于20世纪90年代开始关注声景营造，对声景进行了管理保护和规划；英国相关研究侧重于城市中的声环境，通过将城郊的声音环境与听者的听觉机制相结合进行声景的探究；西班牙早在13世纪的园林中就已出现用水声和鸟鸣声营造氛围的声景策略；法国著名的古典主义园林凡尔赛宫中也有对声景的营造；日本声景研究则将侧重点置于传统枯山水园林。我国的声景研究可以追溯至古典园林的建造过程。

中国古代造园的声景营造以自然声景为主，人工声景为辅。如《园冶》中说"溶溶月色，瑟瑟风声"，水声多指溪涧水流声、假山中的水声等，《琵琶行》中"间关莺语花底滑，幽咽泉流冰下难"就描写了泉水的声音。人工声景（也叫活动声）在中国传统园林中包含戏曲声、琴声、钟声、吟读声、说笑声等。我国传统园林中建有具有戏台功能的建筑，故戏曲声成为园林中人工声景的一部分。声景环境的塑造主要是依靠地理位置的选择、与园林景观中各要素的结合（植物、山水、建筑等）等方面共同实现的。选址多在相对安静和隐蔽的场所中，遵循"地偏为胜"的园林景观设计准则。如苏州耦园中的听橹楼便位于湖边一处较为私密的区域（图2-54）。听橹楼系重檐楼阁建筑，为卷棚歇山顶，面积约40m²。除戗角处作缠枝花纹瓦饰外，其山花处塑大鹏展翅腾飞状。楼上北、东、西三面置木格半窗，可分别观赏园内外景色。西侧有木质楼梯，向西可通往魁星阁。旧时苏州娄门一带极为繁华，船舶往来不绝。此楼位于东花园东南隅，临近城壕，外隔娄江，可闻阵阵摇橹之声，故名。听橹楼的声景营造通过人声与自然声的结合映衬出园林生机勃勃的氛围，以传达造园者如诗的情怀。此外还有江苏泰州梅园中频繁使用梅、兰、竹、菊这一组植物搭配，不仅符合声景营造中对植物的选择，而且丰富了游人的视觉美感，给人以清新脱俗之感。总而言之，中国古典园林中对山水景观的营造多是模仿自然，利用石头与水的结合，营造出喷泉、瀑布、溪流等人工景观，声景就包含在这些景观中，融入了古代文人墨客所作诗词的意境，达到与游人之间的情感共鸣。

综合国内外关于声景营造的研究状况，笔者在此梳理出不同地域与国家视角下的若干代表性案例供学习、参考。

案例分析1：扬州个园风音洞

个园位于江苏省扬州市广陵区东北隅，是一座清代扬州盐商宅邸中的私家园林，以遍植青竹而名，以春夏秋冬四季假山而胜。园中南墙之上的圆形孔洞共分为四排，每排六个，总计二十四个，每个孔洞直径约一尺，分布均匀，排列整齐，会自然联想到其代表了一年二十四个节气。但于此可不仅仅意味着岁月的变迁，而是设计者最为独特、具有诗意的安排。这些孔洞被人称为"风音洞"（图2-55）。冬山处于花园的最南边，风音洞所在的高墙和个园三路住宅的后墙形成了一条狭长的通道，风从高墙窄巷之间擦墙而过时，会形成负压，加快流速。这时墙上四排孔洞就好像四支等待已久的横笛，呼呼作响，发出北风呼啸的声音，奏响了冬的乐章，给人以寒风料峭的感觉。风

图2-54 苏州耦园中的听橹楼

图2-55 扬州个园的风音洞

音洞所在的位置按常规做法应该设置花窗,但宣石体态浑圆,形似雪堆,又间以杂色,如果用传统的磨砖花窗作为背景,会削弱宣石的质感,淡化雪意。如果只用一段粉墙又未免显得过于单调,在这里造园者极具创意地使用最简单的几何图形"圆"造成孔洞,既代替了花窗,又借来了"寒"风,可谓匠心独运。

案例分析2:日式庭院中的声景

惊鹿,也叫添水、僧都、惊鸟器(图2-56)。通常由竹子制成,是一种具有功能性的水器装置。这个古老的装置利用杠杆原理,当竹筒上部注满水后,自然下垂倒空筒中水,而后再翘头,回复原来的平衡,尾部击打在撞石上,发出清脆响声,颇为有趣,凸显空间氛围的静谧质感。

图2-56 日式庭院中的惊鹿

案例分析3:英国谢菲尔德火车站站前广场

广场环境中主要声景元素是不锈钢雕塑"锋刃"(图2-57),灵感源于谢菲尔德作为欧洲钢都及不锈钢发明地的城市文脉。"锋刃"自身作为阻隔交通噪声的屏障,在声音的传播过程中起到了抑制作用。同时面向广场一侧有清水顺表皮流下,制作出了人们喜爱的流水声(实地问卷调查显示,水声虽然并非所有声音

图2-57 英国谢菲尔德火车站站前广场

中声压级最高的，但其引起人们的关注程度最高，且多数人对水声持友好态度）。此案例表明，使用声景元素可以创造高文化价值的空间、减少噪声烦扰度、提高使用者的愉悦感，其附加价值是简单的噪声控制不能达到的。

案例分析4：阿姆斯特丹机场公园

这是一座将景观建筑、大地艺术与最新科技成果相融合的降噪休闲公园。3m高的条状矮堤阻挡着大地噪声，而穿插其间的1m宽小路则成了临近居民的散步道。堤坝的走向垂直于声波的来源方向，以保证最佳的隔音效果，纵横交错的肌理仿佛与当地秩序井然的农田隔空相应（图2-58、图2-59）。

案例分析5：新加坡樟宜机场"星耀樟宜"

从外观上看，"星耀樟宜"是一座颇有亮点的建筑（图2-60）。总面积13.57万平方米，连接三个航站楼，整栋建筑共有十层，包括地上与地下各五层。进入空间映入眼帘的是目前世界上最高的室内瀑布：一个40m高的汇丰银行雨漩涡瀑布，每天有绵密的雨柱"从天而降"，绚丽壮美，浑然天成。瀑布除了可以为景观环境降温，还遮掩了室内轨道交通的噪声。四周掩映的是田园诗歌般的园林景观——资生堂森林谷，约120种植物在此生长，布满四周将近五层楼的墙面。这些植物在净化空气的同时，也能起到很好的装饰效果。植物与水系统的巧妙结合打造了一座诗意的室内花园，人声、自然声交相辉映，为过境旅客和当地民众提供了难忘的体验。

（四）声景与情绪

在这里需要对音乐与声景的定义进行区别。音乐是精心地、有意识地对声音进行重组与创造；声景则更像是诸多凌乱、无序的声源拼贴。鉴于此，我们不妨先从音乐开始，了解声音与情绪的关系。

图2-58　阿姆斯特丹机场公园鸟瞰图

图2-59　阿姆斯特丹机场公园隔音条状矮堤

图2-60　新加坡樟宜机场"星耀樟宜"

认知心理学家史蒂芬·平克（Steven Pinker）曾把音乐描述为"听觉芝士蛋糕"。从这个角度来看，音乐（声）像是一种"娱乐性药物"的混合物，通过耳朵进入，刺激我们的大脑产生大量快感。我们如何识别一首歌的情感？这是音乐理论家们长期争论不休的话题。音乐中普遍存在的，能够"讲述"情感的那部分，被称作音乐编码。我们可以从其结构、节奏、音高以及这些不同要素之间的变化和切换，对音乐中的情感进行解读（先抛开歌词）。但是，读懂一首歌的情感是一回事，实际感受须另当别论。思想家史蒂芬·戴维斯（Stephen Davies）提出"情绪感染"概念，即"我们会感染上我们自认为从音乐中获得的东西"，这与我们从别人那里感染情绪的机制近乎一致。也就是说，感知音乐本身的情绪与听者自身的实际感受间存在着一定差距。戴维斯指出，实际上每个人听音乐时反映出的悲伤情绪都是独一无二的，我们不是为音乐本身而悲痛，我们感到忧伤，是因为音乐在使用各种编码向我们传递这种忧伤。

让我们回到声景语境中，再次审视声音与情绪之间的关系。日常中的环境声并不会成为我们的关注焦点，即使我们都沉浸在其中。但是当听众开始注意它们时，那些突出的、引人注意的并成为听觉对象的特定声音便起到了作用。环境不仅决定了人们会注意的声音，还影响着听众的注意力、当前活动和期望，以及人们可以听到声音的经验。由于注意力在很大程度上是多感官并存的，因此作为发声背景的视觉、感官刺激更为直接的嗅觉与触觉机制都起着重要的作用。

由此可见，在不同的环境中，人们对声音的注意力是不同的，因此即使是相同的声音在不同的语境下也会令我们产生不同的情绪。脱离具体语境去谈声景是具有局限性的，而这也部分解释了为什么不同声景研究的结论会出现自相矛盾的状况。

广场上敲响的钟声、教堂内悠扬的歌声、拥挤的露天市场此起彼伏的叫卖声，老房子地板发出的吱吱呀呀声，娱乐场所震耳欲聋的节奏声……这些都是标志性声音的案例，它们是特定环境的固有组成，可以刺激我们的情绪，并且能够在体验特定环境的过程中影响我们的全身感觉。人类对声音的感知不是绝对的，声音的含义与声源、传播过程以及听众有关。因此，对声景环境的评估取决于声音的信息内容和感知声音的环境，同样也包括听众的个人因素。

（五）声景营造的意义

从噪声控制到声景营造的转变给环境声学领域带来了革命性进展，在城乡规划、建筑设计、景观创造等方面均具有重要意义。在生活质量方面，安静区域和具有恢复性的声景有益于人们的心理健康，例如减缓老年人身体机能退化、为儿童提供舒适的学习环境等。在经济效益方面，有吸引力的声景可以提高建成环境质量，创造良好的投资环境，而具有恢复性的城市空间可弥补为健康所消耗的医疗成本。在文化建设方面，声景营造基于不同人的感知与评价，促进城市文化多样性，有助于对地方特色的识别、保护和恢复。

三、触觉与空间界面

（一）触觉概述

触觉是人类最原始、最根本的感觉之一，触觉能够为其他感官知觉提供一定的辅助性理解，这就更需要加深对触觉的理解与应用。皮肤是人最大的感知器官，同时是最为复杂的感官系统。通过手足、肌肤、行为运动、情感交流的方式，人们能体会到空间所带来的触觉信息传达。

原研哉在《设计中的设计》一书中写道："人不仅仅是一个感官主义的接收器官组合，同时也是一个敏感的记忆再生装置，能够根据记忆在脑海中再现出各种形象。在人体中出现的各种形象，是同时由几种感觉刺激和人的再生记忆相互交织而成的一幅宏大图景。这正是设计师所在的领域。"由视觉作为主导的感官中，其他四感与主感的互动才得以形成人的完整感知经验。在具体设计中，五感设计正是通过所设计产品与受众的触感经验产生良好互动，从而让受众的感官享受设计师所传达的情感因素。

（二）传统触感的改变

现今处于信息爆炸与科技日新月异的时代，技术的进步不只是改变了物品的功能以及物品的使用方式，更重要的是完整地改变了人类生活方式，进而改变了习以为常的用品习惯。以手机为例，早期手机或翻盖或滑盖或直板，但触屏手机的出现直接改变了这一切，手机可以抛弃必不可少的按键键盘，操作方式完全发生了颠覆。对设计师而言，传统物品总是有其传统意义的。人们在长期的家庭、文化、经济、风俗的影响下，会形成相应的生活意识与习惯，这也是人类对传统物品的情感记忆。情感记忆是由生活方式所决定的，而生活方式由精神与物质两方面决定。椅子在传统意义上是给人坐的，通过触、坐、卧、观来展现其功能。然而，在现在的时代背景下，椅子可以是灯具、可以敲打表演、可以用来取暖，在改变及增加其功能的情况下，用户对其使用的方式也必然随之发生改变。使用感官的方式或许不再是一一对应的关系，不再只是用眼睛看、手操作、耳朵听来调整，可能用眼睛来控制操作、用手通过振动来感知、用耳朵来感觉位置。未来我们怎样使用我们的感官？新的材质与材料也是未来颠覆感官的主力，新材料越来越频繁地出现，受众会接受感官的新定义，乃至失去对感官的任何定义。

四、感知与空间氛围

（一）新媒体技术发展下的交互式空间

中国展览经济产值巨大且拉动效应明显，各类艺术展览在流量的推动下频频出现在主流媒体平台上，观展逐步演变成公众日常生活的一部分。在消费升级的浪潮下，人们对展示空间的需求也更加多元。相比展示的内容，人们更关注具有高度参与度的氛围体验与互动，在获取展示信息的同时得到情感层面的满足。基于展览经济的巨大潜力与公众更多维的需求，展示空间也在不断升级，传播性较强的新媒体技术广泛发展并应用于展示空间。

新媒体技术应用方式大致可分为以下几类。

①数字技术：通过计算机处理文本、视频、音频等，主要使用在数字屏幕、配乐语音等部分。
②互动技术：通过各种数字信息的输入与响应运用到载体上，主要应用于互动雕塑、装置等。
③虚拟现实技术：通过计算机创造出视觉虚拟环境，给人们身临其境的现实感觉，主要应用于全息投影、幻影成像系统等。

新媒体技术加持下电子屏幕、语音、互动装置、投影等介入展览进程，交互式展示空间由此兴起。即使人在观展过程中通过互动行为产生体验以达到信息深度交互和传播的展示空间。

（二）以感知体验为基础的交互空间

感知分为感觉和知觉，感觉是通过感官获得的客观信息，如冷、热等；知觉因人而异受到感觉、个体期待、先前经历、文化基础的影响，是机能器官（如大脑）对感觉信息组织阐述后得到的主观感受与体验。可见，感知最终上升到了体验层面，并与体验作为一个整体被设计。空间中的感知体验即在参与体验过程中，先通过感官接收对象的表层信息，如二维色彩、材质、三维空间尺度、体量等，激发并形成感觉，再结合个人的知觉理解对接收到的信息进行梳理、消化，形成主观性更强的认知，最终生成"记忆"。而记忆作为个体的独特经历将持续影响着未来的感知体验，它跨越了时间的界限，拓展了空间的维度。

传统展示空间根据展示内容、形式、目的可分为文化类与商业类。文化类展示空间以博物馆、美术馆等大型文博机构为平台，旨在促进文化的传播；商业类展示空间则更倾向于在城市公共场所打造炫目的视听效果，吸引消费者驻足，从而促进消费，如品牌专卖店、体验店等。随着文化消费的不断升级，商业类展览也趋向融入更丰富的文化内涵，不再单一地以促进消费为目的；文化类展览也并不是大型文博机构的专属，各类小型私人美术馆如雨后春笋般占据了重要角色，顺应市场的"网红"展览逐步铺开规模，并且在展览场地的功能布局中增加了售卖文化衍生品的商业业态。由此看出，传统展示空间的分类已经趋向模糊，互动体验过程演变为设计重点。因此可根据引发的行为来将其分类：

1. 引发驻足类行为的展示空间
例如，南京博物院数字馆由数字屏幕呈现展览内容，引起人们驻足了解，并通过点击行为产生触觉、视觉的交叉体验（图2-61）。

图2-61 南京博物院数字展厅

2. 引发行走类行为的展示空间

例如，米兰世博会日本馆由全空间镜面、全息投影等装置构成。丰富的视听元素激发了观者的好奇心，引发行走这一探索行为的产生，并在行走过程中感受日本的四季变化，产生视、听觉等感觉以及知觉体验。

不同于传统展厅专注展品、注释等被动接收的观看体验，交互式展示空间基于综合感官刺激，触发了完整感知体验的同时提升了信息传播的效率。

（三）多重感官体验

传统展示空间是通过视觉这单一感官来了解展品与感知空间的，视觉带来的即时内容与体验上的满足致使传统展示空间中的感官体验被视觉统治。但视觉只能呈现对象的外观，形成概念化的形象，在观看与审视的过程中不可避免地产生了疏离之感。普利兹克奖评委尤哈尼·帕拉斯玛（Juhani Pallasmaa）（图2-62）在《肌肤之目：建筑与感官》中指出：对视觉的过度重视一方面会导致形而上的设计，另一方面对其他感官的忽视会导致人性缺失与空间疏离。可见，以视觉为中心的展示空间可能具有割裂人与空间亲密关系的风险，从而达不到展示与交互的目的。

多重感官体验则是借助不同感官交融影响，如视觉、触觉、听觉等共同调用以感知空间的真实与虚幻。一个体验性较好的交互式展示空间应具备以下两个特

图2-62 尤哈尼·帕拉斯玛

征:丰富的感官性、灵活的开放性。

1. 丰富的感官性

感官性体现在空间氛围体验方式上,可通过灯光、材料、装置等设计手段,利用单一感官触发多感官体验,从而加深对空间氛围、展示主题的理解。交互式展示设计是在以互动行为了解展示信息的基础上进行空间多感官体验营造。如可以通过照明技巧来模糊空间界限,构建奇妙的视觉效果让空间距离与深度与现实形成反差。例如在上海民生美术馆展出的"反向折叠"展览中,人们需要通过躺或坐的方式来观看以屏幕装置呈现的宇宙奇观数字影像,在入口处有低强度灯光引导进入主体空间,在核心装置周围没有设置任何光源,弱化视觉作用而通过影像与声音在空间中形成回声来感知空间尺度,形成了与宇宙奇观相呼应的大尺度感知,给人以空旷、疏离的宇宙场域氛围。再如詹姆斯·特瑞尔(James Turrell)的灯光装置作品(图2-63),他的创作涵盖了几何化光学作品、版画、绘画和装置,光在其中被物质化了。光变成一个切实的存在,观者会进入作品、进入光,然而感觉不到发光体的存在,甚至感觉不到其他任何东西的存在——只有十分具体的光形成的色块。不论在他早期的作品或近期的作品里,光总是呈现出"物性",并作为他探究感官剥夺(sensory deprivation)的主要手段。

此外,也可以通过空间交互装置设计来引导体验者产生触摸、点击等其他行为,利用空间视觉焦点平衡各感官体验。如上海自然博物馆中的大地探险区在每一个回形展区中央放置了可供点击的数字设备,利用空间视觉中心引导人们去调动视觉、触觉、听觉的综合体验。但要注意多感官体验不是感官的叠加,而是对同一物质对象同时触发的多感官的觉知。

2. 灵活的开放性

开放度主要指空间的分隔与围合,交互式空间往往是由核心行为互动区域由内向外设计,弱化空间的实体围合感而提高开放度。如可以通过设计核心互动行为,定义该空间区域的功能,如随意行走、定点跳跃,围绕核心活动再设置相应的空间装置。例如上海耐克旗舰店中参与运动游戏的数字化空间(图2-64),由中庭、地面数字装置、挑高立面数字装置和灯光投影组成,可以通过地面数字装置的踩跳、原地跑步等行为来测定运动速度且与他人竞技。中庭空间具有极高的开放度,增强了空间的参与性与场域辐射范围。数字化运动空间中4层楼高的数字装置与电梯机械运动相结合,形成动态的视觉和听觉联动感知。

(四)知觉联想

知觉联想是在多重感官体验的基础上对感觉信息进行的综合处理并赋予个体情感意义。在感官体验和知觉联想后人们所引发的行动反馈如驻足、奔跑、沉静思考和个体记忆才是完整的感知过程。在信息爆炸时代,基于感知体验的交互空间除了展示信息,更多的是营造一种包含个体差异性的空间,帮助人们认识个体内心,由空间的存在体验上升到强化个体存在的体

第五节 感官与空间环境

图2-63 全域装置、墙角浅空间

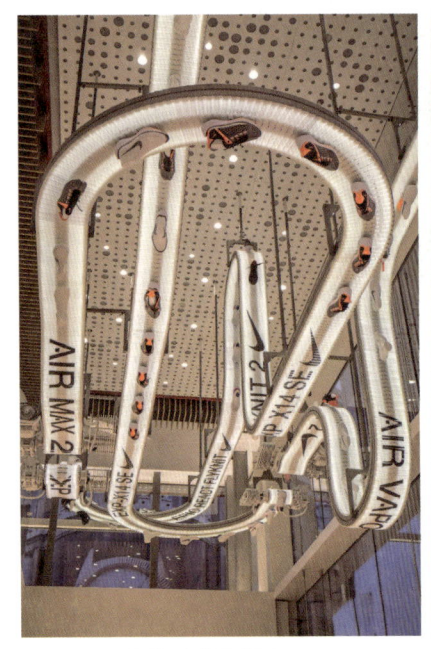

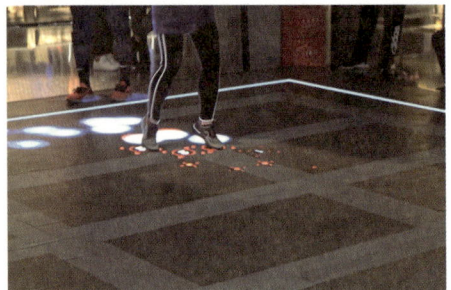

图2-64　上海耐克旗舰店

验,在个体感知体验中留下记忆与想象的空间,从而重塑人们的生活和行为方式。

数字技术的发展使得大量的新媒体装置运用在交互式展示空间中,更容易引起人们的关注与体验,这也为展示空间氛围的营造提供了更多的支持与可能性。而今后交互式展示空间的发展将会尝试更多基于感知体验的新媒体技术维度的革新。

第六节　心理与空间环境

一、环境心理学基础知识

(一)研究内容

环境心理学是研究环境与人的心理、行为之间关系的一个应用社会心理学领域,又称人类生态学或生态心理学。这里提及的环境虽然也包括社会环境,但主要指物理环境,包括噪声、拥挤、空气质量、温度、个人空间等。环境心理学是从工程心理学或工效学发展而来的。工程心理学是研究人与工作、人与工具之间的关系,把这种关系推而广之,即成为人与环境之间的关系。环境心理学之所以成为社会心理学的一个应用研究领域,是因为社会心理学研究社会环境中的人的行为,而从系统论的观点看,自然环境和社会环境是统一的,二者都对行为发生重要影响。环境心理学自20世纪60年代开始作为一门学科被广泛研究与应用。

(二)产生与发展

20世纪60年代末期到70年代初期,关于环境心理学的研究开始出现。许多心理学家逐渐习惯把自己认同为环境心理学家。普罗夏斯基(Proshansky)观察到,在这一时期有许多因素促使心理学分化出环境心理学。例如,对于越来越迫切的社会问题如人权问题、环境问题及妇女运动,研究者转向从社会心理学的角度来解决这些困扰社会的问题,遗憾的是这些尝试的效果并不明显。一贯依赖于人为创设的实验室研究的社会心理学家,对突然出现在他们面前的一系列复杂、令人迷惑的问题感到束手无策。

征：丰富的感官性、灵活的开放性。

1. 丰富的感官性

感官性体现在空间氛围体验方式上，可通过灯光、材料、装置等设计手段，利用单一感官触发多感官体验，从而加深对空间氛围、展示主题的理解。交互式展示设计是在以互动行为了解展示信息的基础上进行空间多感官体验营造。如可以通过照明技巧来模糊空间界限，构建奇妙的视觉效果让空间距离与深度与现实形成反差。例如在上海民生美术馆展出的"反向折叠"展览中，人们需要通过躺或坐的方式来观看以屏幕装置呈现的宇宙奇观数字影像，在入口处有低强度灯光引导进入主体空间，在核心装置周围没有设置任何光源，弱化视觉作用而通过影像与声音在空间中形成回声来感知空间尺度，形成了与宇宙奇观相呼应的大尺度感知，给人以空旷、疏离的宇宙场域氛围。再如詹姆斯·特瑞尔（James Turrell）的灯光装置作品（图2-63），他的创作涵盖了几何化光学作品、版画、绘画和装置，光在其中被物质化了。光变成一个切实的存在，观者会进入作品、进入光，然而感觉不到发光体的存在，甚至感觉不到其他任何东西的存在——只有十分具体的光形成的色块。不论在他早期的作品或近期的作品里，光总是呈现出"物性"，并作为他探究感官剥夺（sensory deprivation）的主要手段。

此外，也可以通过空间交互装置设计来引导体验者产生触摸、点击等其他行为，利用空间视觉焦点平衡各感官体验。如上海自然博物馆中的大地探险区在每一个回形展区中央放置了可供点击的数字设备，利用空间视觉中心引导人们去调动视觉、触觉、听觉的综合体验。但要注意多感官体验不是感官的叠加，而是对同一物质对象同时触发的多感官的觉知。

2. 灵活的开放性

开放度主要指空间的分隔与围合，交互式空间往往是由核心行为互动区域由内向外设计，弱化空间的实体围合感而提高开放度。如可以通过设计核心互动行为，定义该空间区域的功能，如随意行走、定点跳跃，围绕核心活动再设置相应的空间装置。例如上海耐克旗舰店中参与运动游戏的数字化空间（图2-64），由中庭、地面数字装置、挑高立面数字装置和灯光投影组成，可以通过地面数字装置的踩跳、原地跑步等行为来测定运动速度且与他人竞技。中庭空间具有极高的开放度，增强了空间的参与性与场域辐射范围。数字化运动空间中4层楼高的数字装置与电梯机械运动相结合，形成动态的视觉和听觉联动感知。

（四）知觉联想

知觉联想是在多重感官体验的基础上对感觉信息进行的综合处理并赋予个体情感意义。在感官体验和知觉联想后人们所引发的行动反馈如驻足、奔跑、沉静思考和个体记忆才是完整的感知过程。在信息爆炸时代，基于感知体验的交互空间除了展示信息，更多的是营造一种包含个体差异性的空间，帮助人们认识个体内心，由空间的存在体验上升到强化个体存在的体

图2-63　全域装置、墙角浅空间

图2-64　上海耐克旗舰店

验，在个体感知体验中留下记忆与想象的空间，从而重塑人们的生活和行为方式。

数字技术的发展使得大量的新媒体装置运用在交互式展示空间中，更容易引起人们的关注与体验，这也为展示空间氛围的营造提供了更多的支持与可能性。而今后交互式展示空间的发展将会尝试更多基于感知体验的新媒体技术维度的革新。

第六节　心理与空间环境

一、环境心理学基础知识

（一）研究内容

环境心理学是研究环境与人的心理、行为之间关系的一个应用社会心理学领域，又称人类生态学或生态心理学。这里提及的环境虽然也包括社会环境，但主要指物理环境，包括噪声、拥挤、空气质量、温度、个人空间等。环境心理学是从工程心理学或工效学发展而来的。工程心理学是研究人与工作、人与工具之间的关系，把这种关系推而广之，即成为人与环境之间的关系。环境心理学之所以成为社会心理学的一个应用研究领域，是因为社会心理学研究社会环境中的人的行为，而从系统论的观点看，自然环境和社会环境是统一的，二者都对行为发生重要影响。环境心理学自20世纪60年代开始作为一门学科被广泛研究与应用。

（二）产生与发展

20世纪60年代末期到70年代初期，关于环境心理学的研究开始出现。许多心理学家逐渐习惯把自己认同为环境心理学家。普罗夏斯基（Proshansky）观察到，在这一时期有许多因素促使心理学分化出环境心理学。例如，对于越来越迫切的社会问题如人权问题、环境问题及妇女运动，研究者转向从社会心理学的角度来解决这些困扰社会的问题，遗憾的是这些尝试的效果并不明显。一贯依赖于人为创设的实验室研究的社会心理学家，对突然出现在他们面前的一系列复杂、令人迷惑的问题感到束手无策。

社会变化带来的强大压力，要求放宽严格的传统实验方法。环境心理学这一新领域则更折中，具有跨学科的特点。这些都为环境心理学的正式建立奠定了前期基础。

第一批环境心理学家结合社会心理学和灵活的方法来解决社会问题。当今，环境心理学中社会心理学的痕迹仍很明显，许多环境心理学家都受过社会心理学的训练。然而，这种融合也造成了一些矛盾。传统意义上社会心理学依赖于由理论构建的实验和接近科学的假设检验方法。普罗夏斯基曾多次声明，社会心理学的理论和研究方法最终会被证明是环境心理学家的巨大财富。社会心理学对环境心理学的影响是巨大的。但我们相信，当一批在某些领域（发展心理学、艺术、建筑、社会学）受过训练的环境–行为研究者成长起来时，这种影响将会减弱。

毋庸置疑，环境心理学作为一门学科的出现，应归功于20世纪40年代末巴克等人对自然定居点中居民行为的生态学研究，20世纪50年代霍尔从文化人类学角度对个体使用空间的研究，以及20世纪60年代城市规划师凯文·林奇（Kevin·Lynch）对城市表象和环境认知的研究。基于这些研究，加之当时环境恶化、自然资源减少等现实困境，20世纪60年代的科学家对人类生态环境产生了特别的兴趣，心理学家也更加重视环境对个体心理、行为的影响，纷纷研究与环境心理学有关的课题。1961年和1966年在美国犹他大学举行了最初的两次环境心理学会议，1968年建立了代表美国研究潮流的环境—行为学术组织：环境设计研究学会（EDRA）。同年，纽约市立大学建立了第一个环境心理学博士点。两年后，伊特尔森（W. Ittelson）和普罗夏斯基等人合编的《环境心理学》正式出版，同年，代表欧洲研究潮流的国际建筑心理学会在英国金斯顿成立。1971年，美国建筑师协会费城分会等团体组织了"为人的行为而设计"讨论会。1975年有了第一个环境心理学的博士。第一批环境心理学的杂志也是在20世纪60年代后期创刊的，最著名的《环境和行为》杂志创办于1969年。因此，一般认为作为心理学一个分支的环境心理学诞生于20世纪70年代初。

（三）与人体工程学的关系

1. 关于心理学

心理是大脑的功能，它是在头脑中进行的一个内部过程，这个过程无法被观察和测量。因而，心理过程有时被称为"黑箱"。我们有时可以通过人的外显行为来间接了解这个黑箱的运作规律，然而这并不是心理的全部，因为心理事实上还存在着大量的意识体验。这种体验不可能完全被描述出来，因此，心理学在定义上的困难程度与人的心理复杂状态直接相关。现代心理学建立在用科学的方法来研究心理问题的基础上，它强调理论应有研究证据的支持。其研究线路从事实出发，经过描述、解释得出理论。

①事实：心理学研究的求真和证伪都必须从事实出发，以事实为依据。"事实"指人们对于事物的客观认识，是可以观察和重复的事件。
②描述：描述是对研究对象的状态作说明。对于事实和研究对象的分类和概念化归纳应该是最基本的描述性科学研究。
③解释：解释是关于研究对象之间的"关系"的说明。这种关系也许是因果关系，也许是相关性的关系，也许是定性的或定量的关系，也许是间接的或直接的关系。解释通常是指解释事件发生的原因。
④理论：理论的意义在于揭示事物的规律，理论可以预测事物。一个理论可以为许多事物提供解释，同样可以归纳不同的解释而上升到理论水平。传统上，心理学研究者接受了实证主义科学模型，即提出理论，根据理论逻辑推断假设。假设要用纯粹的研究设计来检验。一般认为，心理学和设计心理学的理论，如果达到了预期的结果，就为理论提供了支持，而不是理论被实证。一个理论受到的支持越多就越会被接受，但理论之间的竞争是科学发展的必然。

2. 与人体工程学的关系

人体工程学和环境心理学都是近数十年发展起来的新兴综合性学科。过去人们研究探讨问题，经常会把人和物、人和环境割裂开来，孤立地对待，或者单纯地以人去适应任务和环境，对人提出要求。而人体工程学和环境心理学在整体维度都是研究人、物、环境之间关系的学科。环境心理学侧重研究环境与人的行为之间的相互关系，着重从心理学和行为的角度探讨人与环境的最优化，与人体工程学的研究领域有重合，内容体系有紧密的关联性。环境心理学关注生活在人工环境中的人们的心理与行为现象，并探索其内涵，将选择环境与构建环境相结合，驱动并指导设计相关领域的研究与实践，这与人体工程学的研究目的与意义具有共通性，但后者涉及的领域、适应学科和专业更加广泛。

二、空间因素的心理影响

（一）空间因素与心理

1. 空间形态

空间形态是由其界面形状及构成方式决定的。如正方形、正八角形、圆形等平面规整的形状，具有形态明确、稳定而无方向性的特征，呈现一种向心或放射感，这类空间形态较适应于表达严肃、隆重的场域氛围。以常见的矩形空间为例，纵向设置便具有一定的导向性，横向则有向两边的伸延感和展示性；三角形空间则会形成不规则、灵动、向上拉高的心理空间。

2. 空间尺度

室内空间尺度的高低、大小会给人造成不同的心理感受。高耸的空间给人以崇高、神圣、向上升腾的感觉，典型的案例是哥特式教堂传递给民众的强烈仪式感；宽敞的空间则令人心神开朗、舒展。空间尺度需要充分考量对使用者身心施加的影响，应保持在适宜的范围内。尺度过大则空旷，使人产生渺小和孤独之感；小尺度空间私密性强，容易使人产生安全感，但若过于局促则令人憋闷、压抑。因此，适宜的空间尺度与人的心理状况之间存在着紧密的联系。

（二）视觉环境与心理

视觉环境对人的心理影响较为直接，空间光色的应用对氛围营造起着无可替代的作用。不同的色彩环境会使人产生不同的心理感受。例如，夏日炎炎的室内环境使用蓝色系为主色调进行装饰则显得清凉、舒润；卧室用低饱和度的柔和色彩进行软装搭配会令人感觉温馨、亲切；充斥着大量绿植的自然空间则令人心旷神怡，充满生机；高明度、纯度色调的快餐店环境令人轻松愉悦。

除了以上色彩环境因素对人的心理空间有影响外，在室内外环境中，表面装饰材料、灯光照明的变化，界面的造型、式样、位置、方向，视线角度和远近等诸多环境因素也会使人产生不同的心理效应。如大理石材料传递高贵、冷静、坚实的感受；光环境暗弱的室内环境使人精神不振，消融空间感。

（三）听觉环境与心理

听觉环境由三种声音构成，它们均可以直接冲击人的神经系统，对人的心理状态产生一定的影响。第一种是作为其他声音的背景而存在的基调音，如风声、水声、鸟鸣声、交通噪声等；第二种是带有提示作用的信号音，如汽笛声、警报声等；第三种是当地居民熟悉的标志音，如钟声、间歇喷泉、有特色的校园晨曲等。标志音是最有地域特色和代表性的声音，它的存在易使人产生亲切感。标志音存活于当地居民长期的生活体验与认同中。音乐对神经生活有着强烈的影响，这是心理学和生理学完全承认的一件事实。噪声是一种失去平衡的声音，它易使人神经紧绷，在无形中损伤居民的听觉神经；而具有亲切感的标志音能安抚受伤的神经系统，使人心神愉悦。

设计者在听觉环境的优化中要注意这三种声音的存在价值及张力结构。例如将街头演出者的音乐、阳光下人们的聊天侃谈声、聚集在街头咖啡屋和茶馆的人们讨论、说教、低语发出的声音掺杂在一起，形成一种和谐的"人类生态交响曲"，使居者乐其屋，让城市变得更健康。

（四）触觉环境与心理

触觉往往伴随着丰沛的情感，从出生开始就在我们的人际关系中扮演重要角色。许多对我们来讲重要的时刻都是由触觉经验交织而成。这些点点滴滴似乎不受时间影响，永存于记忆中。我们对于触觉与情绪的紧密联结并不陌生，神经生理学家认为，唯有触觉刺激的物理性质（种类、强度、大小）传送至神经系统，经过处理并整合后，情绪才在最后阶段加入触觉认知中。

我们的大脑擅长辨识不同的触觉刺激，特别是其物理性质。特定的触觉刺激（例如轻柔的抚摸）能够经由独特的神经回路直接引发令人愉悦的情绪。科学家认为，这个称为"情感性触觉"的网络不但能促进人际关系，甚至在促进发展所谓的社会化大脑层面也具有举足轻重的作用。

触觉环境涉及的内容包括室内外环境中能够影响触觉体验的空间要素，常见的包括墙体、隔断等界面选用的材质与机理、触手可及的温度与质感等。在针对触觉进行思考的过程中，不仅需从引发触感机制本身的物质出发，还要相对应地分析用户具体的使用场景，在细微之处进行设计策略的优化。例如由于材质导热性的差异，皮肤触碰实木地板的触感是温润的，触碰瓷砖、金属则截然不同，是冰冷的，因此在某些可能出现赤脚踩地情况的地面上选择铺装材料则需要综合考虑功能与触感问题，为使用者营造舒适的触感体验。

三、公共空间尺度与心理

（一）公共空间尺度

1. 观看活动尺度
在城市公共空间中，感官、交流与尺度的关系是一个重要的主题。视觉是最强大的感官系统，视觉的社交范围界限是100m。在100m处我们能够看到运动的人。第二个重要的尺度界限为25m，在这个范围内我们可以观察到面部表情，解读情感。以上两个距离界限是"观察行为"中常常应用的尺度。举办大型体育赛事、演唱会、音乐会的活动场所经常使用100m作为看台最远端到场地中央的距离。100m的距离也提供了聚集人数的上限。即使最大型的活动中心最多也只能容纳有限的观众数量，约10万个座位，如北京国家体育场（91000个座位）。100m即肉眼识别对象的生理极限，若实际空间满足不了有效观看距离，视觉焦点则必须放大，比如大型音乐节等活动上出现的靠近观众的大型屏幕。

2. 停留行为尺度
大约100m的视觉社交范围也反映在古老城市中的大多数广场的尺寸上。100m的距离可以让观察者站在一个角落即可观察到整个场地的活动。在60～70m的范围内，人们能够认清人的面孔。在欧洲许多古老的广场也能够找到这样的尺寸范围。广场面积几乎很少大于10000m²，绝大多数测量为6000～7000m²。比100m更长的距离是罕见的，80～90m的长度更为普遍，100m×70m是典型的尺寸规格。例如：意大利锡耶纳的市政广场一边长为135m，另一边为90m，沿周边内侧设有一排矮栏杆供人停留，广场中部经过下沉处理。如同一个舒展的贝壳般为人们提供了完美的景致和惬意的停留空间，体现了人性化设计的维度。

广场作为一种公共空间形态，其尺度的确定与人眼具有在100m半径范围内捕捉事件与活动的潜能有关。此外，我们的视觉更利于接收处于水平方向的信息，会忽略大多数来自上方的对象，以至于当我们走路时很自然就会将头部向下10°。因此我们更容易关注到路边发生的事物。沿街店铺前摆放的蔬菜与水果摊位正好位于我们的视野当中，很容易吸引到路人的目光，从而促进停留行为的发生。

3. 情感体验尺度
当强调公共活动的情感体验而非观看运动时，35m就是一个神奇的数字。在全球大部分剧场中，最远的座位与舞台的距离便是35m而非25m，相差的区间决定了演员必须用夸张的肢体语言与声调进行表演，与观众建立情绪的联结。35m是观众能够读懂面部表情，聆听声音的最大距离。剧场座位分布的差异便体现出关于感官和人性化交流与沟通的尺度规律。最具吸引力的座位区处于正面，居于视觉水平面的"特写"；其次为观众席的两侧；最缺乏吸引力的是从高处看向舞台，从这个视角观众能够看到最远的景观和整体效果，但无法看清演员的面部表情和传达的情绪。

（二）公共空间心理

1. 慢速交通
人与人之间情感的链接通常发生在近距离接触范围内。在狭窄的街道和紧凑的空间中，我们能够观察到周围环境细部与人，更能促进丰富事件的发生与参与，切身体会到真实的情感。这样的空间是温暖且吸引人的。与之形成鲜明对比的是那些巨大的城市建筑和乏味的街道布局。在大尺度的城市空间中，建筑蔓延分布，街道缺乏细节，也因此成为很少有人活动的场所。这种布局规整的、表情冷淡的城市环境给人的心理带来乏味与冷漠的感受。这类对人性化尺度缺乏理解与尊重的设计策略影响着部分现代城市公共空间的规划。

城市生活是数字和时间的集合体，计算数字和时间有助于我们理解诸多城市现象，也是激活城市公共生活的必要规划工具和手段。威尼斯是一个典型的例子。尽管现在当地人口数量逐渐减少，但依然具有鲜明的城市活力，强大的步行交通系统是主要原因。每个人漫步游走，会制造许多自发性的逗留驻足。尽管人和船只数量减少，但路途中也总是有东西可看可体验，慢速交通意味着人与人之间存在更多亲近与交流的机会。相对应的，许多现代的以车行为主的公共交通规划虽然可以容纳更多的人流车流，但交通却是极其快速的，汽车刚刚进入我们的视野范围便快速离开，这也解释了几乎没有任何心理体验的原因。建设一座充满活力的、安全的、可持续的且健康的城市是我们的共同目标。充满活力的城市需要多样且丰富的城市生活。娱乐和社交活动与必要的步行交通空间相融合，提供了更多参与城市活动的可能性。

2. 柔性边界

城市边界的处理，特别是建筑的底层部分，对公共空间生活起着决定性的影响。这不仅是进出建筑的地方，也是近距离深入观察和体验的衔接面，是室内外活动相互作用的过渡地带。一座城市的边界不仅限定了视觉领域，限定了空间边界，对空间体验和作为一种场所的个体空间意识也起到了重要作用。正如住宅的墙体传达着一种归属感，城市的边界则提供了一种组织感、秩序感、舒适感和安全感。作为逗留区域的边界处具有典型的空间优势，背面有所依靠，可以得到保护；前方视野开阔，可以舒适地观察周边环境，空间中发生的任何事情尽收眼底，给人带来掌控感与安全感。

人们这种保持壁垒的普遍倾向在公共空间和私密空间中都得以体现。可以说，生活是从边界向中间发展的。例如，孩子们在刚开始进行户外活动时仅仅在家门口附近，只有渐入佳境才会占据更大的空间；在咖啡厅、餐厅等休闲空间中，更多的客人会首选靠墙的位置；车站候车的乘客更倾向围绕柱子、栏杆逗留。注重对城市公共空间柔性边界的设计可以提供给人们更多长时逗留的舒适空间，同时给予人们更多的安全感。例如，沿街店铺可以通过采用透明的大型橱窗，更多地展示商品，以及设置可供休闲停留的座椅等方式模糊私密与开放、室内与户外的空间界限，催生出丰富的观看与接触行为，给公众带来安全感的同时增添空间体验的趣味性。

3. 清晰布局

人类社会是围绕各种不同的社会结构微妙地得以组织的，这种社会结构界定加强了个体的联系感和安全感。清晰合理的功能布局意味着城市生活更安全、高效，是一座良好城市品质的标志。但这并不意味着宽阔规整的、点对点的道路规划，而是具备清晰结构与组织的科学功能布局。理想状态是街道与路网设计在合理范畴内具有克制且巧妙的变化，路网中包括建筑单体等重要节点需要具备明确的视觉特征，使重要街道可以被轻松辨别。尤其在夜间市民步行于城市当中时，清晰的标志系统、指示牌、良好的城市照明等都是营造归属感与安全感的重要因素。在更开放的活动场所中，精确限定的领域，私密与公共区域的清晰关系都是创造社交可能性和安全感的重要前提条件。

四、个人空间与心理空间

（一）个人空间

每个人的周围都存在着一个既不可见又不可分的空间范围，对这一范围的侵犯与干扰将会引起人的焦虑与不安。它随身体的移动而移动，它不是人们的共享空间，是个人在心理上所需要的最小空间范围，也可称为"身体缓冲区"。

个人空间是围绕个人活动所涉及的空间，并随年龄、性别、人种、文化习俗而变化。阅览室中读者偏爱错开就座就是明显的例子。每个人都有个人空间的"气泡"，它是一个无形的领地，直到有人闯入这个"泡"，方能悟到它的存在。人们在交谈时，相互间应保持一个使双方都感到自在的距离。偶然，若是两个"气泡"大小不同的人碰到一起，便会相互感到不自在，要么感到对方避而远之，要么挤在身边感到不舒服。

最先提出"气泡"概念的是美国人类学家爱德华·霍尔（Edward Hall），他基于对动物行为的研究引申得来。我们常可观察到人们排队候车或随意闲谈时，人与人之间保持一定间距的现象，且间距大小各不相同，这便说明了每个人的"气泡"大小是不同的。若将恋人之间的谈情说爱与商人之间洽谈生意相比较，两种场景之下的"气泡"差异显而易见。

通常，坐在公园长凳上的人，他们之间所保持的距离远超过他们实际座位所需要的尺寸。在日常交往中我们也总是与他人保持一定的距离，不然就会觉得不舒服。相似的诸多例子都表明每个人周围都有一个无形的"气泡"，即个人空间。也正是个人空间的存在才使得公园的长椅无法物尽其用。个人空间是人类的一种基本需要，无论时空如何变化都不会消失，但它的大小与个人的社会身份、文化背景及物质环境有关。

（二）心理空间

环境是人带着欲求去感知的，感知到的环境即成为心理空间。物理空间可以相同，心理空间则因人的能力、欲求、经验、性格的影响呈现出多样化的特征。由于人和环境的相互作用，心理空间显示出的是经过增减和变形的状态。在我国传统文化中喜欢把某个具体的物理空间触发为主观想象中的一种意境。意境的境界越高，意蕴越深，人们感受到的心理空间就越博大幽远。齐白石的名作《蛙声十里出山泉》，尺幅之内，一群蝌蚪经过几个字点题，空间千百倍地突破出画面了。建筑空间也是如此，镇江焦山别峰庵郑板桥读书的那间小屋中，经过"室雅何须大，花香不在多"的点缀，使人体味起来仿佛室内空间更大了，花香愈加芬芳了，这便是心理空间的潜力。

第七节 健康与空间环境

一、人的生理系统

人体是由细胞构成的，细胞构成了组织，组织构成了器官，器官构成了系统，系统构成了人体。细胞是构成人体形态结构和功能的基本单位。形态相似和功能相关的细胞借助细胞间质结合起来的结构成为组织。几种组织结合起来，共同执行某一种特定功能，并具有一定形态特点，就构成了器官。若干个功能相关的器官联合起来，共同完成某一特定的连续性生理功能，即形成系统。人体由九大系统组成，即运动系统、消化系统、呼吸系统、泌尿系统、生殖系统、内分泌系统、免疫系统、神经系统和循环系统。

二、空气质量与生理健康

（一）对生理健康的影响

空气污染已经成为我国严重的环境问题和发展障碍，特别是污染物雾霾对人体健康造成了严重影响，带来了巨大的健康成本。空中飘浮"颗粒物"，如同"隐形杀手"，危害着居民的健康。已有数据表明，随着雾霾天气的爆发，呼吸道感染、心脑血管、免疫系统等疾病的发生率出现了急速飙升的趋势。据世界卫生组织估计，每年有200多万人因空气污染中的细小微粒而死亡。雾霾已经对人体健康造成严重影响，带来巨大的社会健康成本。

（二）室内空气质量标准

根据我国《中华人民共和国室内空气质量标准》（以下简称《室内空气质量标准》）规定，我国的室内空气数据的检测结果必须满足以下要求：空气含氧量符合正常空气相关标准；空气中二氧化碳、一氧化碳等其他气体含量符合正常空气同物质含量的相关标准；空气中甲醛、苯系物、氨等有害气体含量必须低于最高含量要求等。此外还对室内空气质量的各类数据提出了准确的标准衡量（表2-13）。

表2-13　　　　　　　　　　室内空气质量标准

序号	参数类别	参数	单位	标准值	备注
1	物理性	温度	℃	22~28	夏季空调
				16~24	冬季采暖
2		相对湿度	%	40~80	夏季空调
				30~60	冬季采暖
3		空气流速	m/s	0.3	夏季空调
				0.2	冬季采暖
4		新风量	m³/h·p	30a	
5	化学性	二氧化硫SO_2	mg/m³	0.5	1小时均值
6		二氧化氮NO_2	mg/m³	0.24	1小时均值
7		一氧化碳CO	mg/m³	10	1小时均值
8		二氧化碳CO_2	%	0.1	日平均值
9		氨NH_3	mg/m³	0.2	1小时均值
10		臭氧O_3	mg/m³	0.16	1小时均值
11		甲醛	mg/m³	0.1	1小时均值
12		苯	mg/m³	0.11	1小时均值
13		甲苯	mg/m³	0.2	1小时均值
14		二甲苯	mg/m³	0.2	1小时均值
15		苯并[a]芘B（a）P	mg/m³	1	日平均值
16		可吸入颗粒PM10	mg/m³	0.15	日平均值
17		总挥发性有机物TVOC	mg/m³	0.6	8小时均值
18	生物性	菌落总数	Bq/m³	400	年平均值（行动水平）
19	放射性	氡222Rn	cfu/m³	2500	依据仪器定

（三）控制与改善措施

1. 室内选用环保装饰材料

室内空气质量控制是一个与建筑整体有关的系统问题。雾霾、汽车尾气等外源性因素引起的室内空气污染尚可通过通风和净化系统来解决，但是涂料、胶黏剂、密封剂、铺地材料、家具等建筑室内装饰装修材料和产品散发的甲醛、VOCs（挥发性有机化合物）、SVOCs（半挥发性有机化合物）、气味等污染物却缺乏十分有效的后处理技术，是引发室内空气污染的重要内源因素。因此，从材料源头选择上使用高环保材料是解决室内空气污染的有效手段。

2017年，质检总局、住房城乡建设部、工业和信息化部、国家认监委、国家标准委联合发布的《关于推动绿色建材产品标准、认证、标识工作的指导意见》（国质检联〔2017〕544号）要求"到2020年，绿色建材应用比例达到40%以上"。2019年，市场监管总局办公厅、住房和城乡建设部办公厅、工业和信息化部办公厅联合发布的《关于印发绿色建材产品认证实施方案的通知》（市监认证〔2019〕61号）要求"住房和城乡建设主管部门建立绿色建材采信应用数据库，通过绿色建材评价认证的建材产品经审核后入库"。因此，制定科学、合理的建筑室内装饰装修材料的环保指标体系，是实现"绿色建筑"室内空气质量源头控制目标的最重要的基础技术之一。

近年来，我国在建筑室内装饰装修材料污染物散发特性检测和控制方法研究领域取得了较大进展，但在污染物散发检测标准和散发认证体系方面与欧美发达国家相比仍存在较大差距。国外相关机构在建筑室内环保控制认证体系方面的研究一直处于领先，对我国相关标准、认证的建立具有较高的参考和借鉴意义。

欧美国家建筑室内装饰装修材料环保控制认证体系的显著特色在于：①主要的认证体系基本涵盖了地毯、地板、人造板、家具、涂料、石膏板、壁纸等几乎所有的装饰装修材料，多数认证体系基本遵从"以甲醛、VOC、SVOC、重金属等含量控制为基础要求，以甲醛、单一VOC、TVOC、TSVOC等释放量和气味控制为环保性能差异性指标"的模式，根据材料不同释放周期的释放量指标将材料的环保性能进行分级。②有害物质含量和释放量限值的提出多从人体健康和环境保护的角度出发，参照了现行致癌物清单、美国长期暴露参考水平（CREL值）、最低关注浓度（LCI值）、REACH法规、MAK列表等。③装饰装修材料的污染物释放量指标多依据学校教室、办公室等不同类型标准房间与材料测试过程中环境舱的实际数据进行模型转换，可以建立材料污染物释放与装修后室内空气质量目标之间的有效关联。

2. 新风系统

室内新风量不足，换气次数不够是普遍现象。新鲜空气可以提供呼吸和燃烧所需要的空气、调节室温、除去过量的湿气并可稀释室内污染物。新风虽然不存在过量的问题，但是超过一定限度，必然伴随着冷、热负荷的过多消耗，带来不利的后果。现行的新风量卫生标准是根据人员的生理需要，根据人的呼吸量和室内CO_2的允许指标确定的，为30m^3/h·人。此外，还应考虑室内污染物的浓度和人员、设备等因素，在此基础上适当增加新风量。通风稀释主要是降低室内污染物的浓度，使其维持在低浓度下不会对人产生危害。稀释有三种可供选择的方法：一是增大通风量，二是消除部分污染物质，三是把污染物重新分配到一个更大的空间内。现在还有采用室内CO_2传感器结合应用计算机等新技术根据需要控制新风量的方式。

3. 加强空间使用管理

建筑物内的许多污染物是建成后人们在空间内活动所产生的。当室内来自装修材料、家具、日化用品与电器的污染物较多、较严重时，或者室内没有传染病人时，来自人体的污染物通常会被忽视。最直接的方法是对室内人员活动进行管理。建筑内人流、物流管理旨在为居住者提供满足正常生活、工作所需且体验舒适的室内环境。如办公室空间只适用办公人员工作，放置办公家具、文件、电脑设备等。如果人们不加约束地在办公室里做饭、在办公桌上吃饭或使用有挥发性的化学药品等，会严重污染办公室的空气环境。同样，居室只是人们起居生活的场所，如使用化学物品、抽烟等则会造成污染。对室内的通风空调设备也必须进行管理，定时进行检查、清洗和消毒，以保证室内具有良好的空气质量。

4. 后期补救措施

如果上述的三项措施不能完全解决问题时，只能采取空气净化装置等补救措施。空气净化不同于稀释，是在污染物散发到室内环境之后所采取的措施。这个过程包括：发现、确认、收集、装入容积、移走和处理污染物。有时还要喷撒消毒剂等。由于室内空气污染物成分复杂、种类很多，因此也必须有针对性地采用不同类型的净化装置。空气净化并不能代替新鲜空气，使用空气净化器时室内应保持一定的新风量。还要注意空气净化器本身的维护保养，避免效率下降造成新的污染。

三、光环境与生理健康

（一）光环境对生理健康的影响

光是建筑环境的重要因素之一，它通过刺激视觉与非视觉通道，作用于视网膜，直接或间接地从视觉、心理情绪和生理节律三个维度影响人的身心健康水平。人脑的松果体会分泌一种激素：褪黑素，它是"天然安眠药"，是我们身体自发的"休息信号"。褪黑素的分泌量与光线强弱有关，眼内的黑视素视网膜神经节细胞负责感应光线强度，将信号传递给松果体。体内褪黑素含量多时，我们会昏昏欲睡；而褪黑素含量少时，就会清醒精神。

WELL健康建筑标准（见第三章第三节中内容）中提出了EML的概念，即用于量化光源对黑视素光响应的刺激程度的光测量，判断光对人的影响程度。EML全称为等值黑视素勒克斯。EML按黑视素视网膜神经节细胞对光的响应进行加权，转换光源的光谱刺激，以此定量描述光线对人的生物效应，以此为昼夜节律的健康提供支持。EML较高的光会抑制褪黑素的分泌，提高警觉度，EML较低的光会促进褪黑素分泌，降低警觉度。因此，工作、活动时应该选择EML高的光照，放松、睡觉前应该切换为EML低的光照（图2-65）。

（二）光环境的设计策略

光环境可从能量（光谱能量分布和光强）、空间（光分布）和时间（观视时长）三个指标影响人的感受，应针对不同场景与模式需求，综合考量峰值光谱、光分布和时间周期维度的光生物影响因素，同时增加对"光感受"这种"柔性指标"的考量，实现以人为本的健康化、舒适化照明是室内外光环境营造的主旨。

为从人体工程学途径探讨不同空间性质的光环境营造，在此结合大连理工大学伯川图书馆的改造项目，针对阅览室空间以适宜性为目标对"专注光"进行了针对性探索（图2-66）。"专注光"光谱方案既能够提升EML值，而且在保证光线具备高色温的同时降低了蓝光危害，优化了"光体验"的舒适度，有利于使用者的身心健康。在大连理工大学伯川图书馆改造案例中，主创团队基于"专注光"的相关研究，根据阅览室的空间布局、功能、使用模式与场景对照明器具及光源特性进行选配，在配光功效得到满足的同时，调控环境整体光源与局部专注光源的差异性与适配性，提升了空间光感知的愉悦体验，为使用者营造高品质的阅读环境。

在人体与自然采光的适应关系中，不同时段自然光的色温、照度变化均参与了人体昼夜节律调节，对压力感知、睡眠等生理活动起到了重要作用。长期处于恒定人工照明环境下可能会使人产生节律紊乱，单调乏味的光照氛围同样会对人的情绪产生不良影响。如何突破空间限制在室内最大限度地模拟阳光成为近年来照明领域的研究方向，正在逐步推广应用至室内环境营造中。从健康视角考虑，创造基于舒适性要求且具有视感变化的光环境正在成为趋势。

四、舒适度与心理健康

（一）舒适度概述

室内外环境的舒适性包含安全性、健康性、方便性与艺术性。工程技术安全（地震、防火、荷载）要求是最基本的要求，不需要格外强调，但若由于空间设计不当而危害使用者的安全与健康则必须杜绝。健康

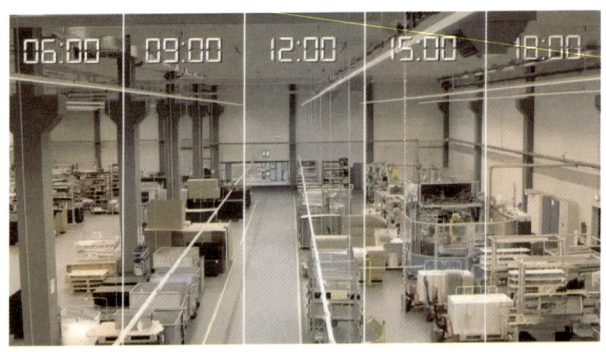

图2-65 光的生物节律

图2-66 大连理工大学伯川图书馆阅览室

第七节 健康与空间环境

性是现代人更关心的一个侧面，健康不仅限于生理性的，也会有心理健康的要求。方便性亦称便利性，环境中的各种尺度、设施，都必须保证方便使用，体验感才会舒适。由于人们对高水平生活的追求不断提升，对自己的居住环境逐渐产生精神上的美学需求，要求达到某种意境与氛围，满足生理与心理的双重舒适需求。

（二）环境舒适度要素

1. 声环境舒适度

空间声环境的舒适度主要研究以下两点：一是噪声和振动对工作是否产生妨碍，妨碍到何种程度；二是日常交谈与空间特定功能（如剧院）等情境所需要的声音听起来是否清晰。此外，BGM（Back GroundMusic，背景伴声）的适度性，也会影响作业效率、情绪与氛围状态。为了对这种舒适度做出具体的判断和评价，我们需要关注声环境营造的各项指标，包括工作中的噪声—工作过程发生的声音、暗噪声—伴随工作中的噪声以外的声音、强大噪声源—发生特殊强烈的噪声源、混响时间—室内声音的响度程度、功能性声音清晰度—声音的易听度、BGM的适度性等。

2. 光环境舒适度

对光环境最基本的要求项目有明视性（作业面看得清，会使工作安全，提高效率）、舒适性（保持良好的氛围，愉快的光照便于工作、居住）、演出性（强调人与物的观赏性，看起来更显眼）和象征性（利用照明灯和照明对象，暗示存在和某种意境）等。为了满足这些要求，需要考虑的不仅限于以照度为代表的量的方面，还包含视野内的明暗、眩光的方向性、阴影的效果、光色效果、反射影响等质的方面，另外自然光的影响也包含在内。

3. 热环境舒适度

室内热环境是由外部自然条件和建筑物的隔热性能、气闭性、太阳辐射屏蔽性等建筑物性能，以及采暖和通风换气等的设备性能共同综合作用构成的环境。热环境的舒适与不舒适，影响到健康、效率和生产质量，是构成空间性能的重要环境因素之一。创造室内适当的热环境关键在于缓和或隔断外部自然条件因季节变换造成的影响，以便使室内人们的活动感到舒适，更好地发挥效率。因此，室内热环境评价也可以说是在对人体进行舒适与否的评价。

影响舒适性的温热要素包括温度（室温）、湿度（相对湿度）、气流、辐射温度。属于人体方面的要素包括着衣量、活动量。在实际热环境中对这些因素必须考虑相互之间的关联作用，采用综合评价的观点非常重要。

4. 空气环境舒适度

空气环境遭到污染将直接影响人体的安全与健康，甚至威胁生命。因而，必须充分注意维持氧气的浓度和空气的清洁度。涉及空气环境污染的物质非常多，其中多是无色无臭的气体，人体无法直接感知。这说明客观地把握与评价空气环境的水准，对避免未知危险，保证人体舒适与健康是十分重要的。此外，除了基本空气质量的维护，空气中包含的气味直接作用于人们的嗅觉系统，对人们的生理与心理体验施加影响。如植物的芬芳会使人放松，优雅的香氛会增添空间氛围的情调。除了常见的令人愉悦的气味，一些特殊的味道甚至可以与体验者以往的经历产生关联，在特定的场景引发人们的回忆与思考，进而身心对应性地产生舒适之感。当然，这种体验更加个人化与主观化，但仍然是营造空气环境舒适性无法忽视的因素，且在设计策略中已经受到普遍重视。

5. 空间环境舒适度

空间环境舒适性主要由物的因素展开。即建筑（空间）要素，包括墙壁、地面、顶棚、窗和空调、照明等以及设备器具、家具、陈设等。空间自身的大小（广度）和形态是直接支配环境舒适度的基本影响因素；空间配置中的家具、陈设和设备的质与量，是影响操作难易的主要因素，这些构成了一个重要的评价项目群；室内色彩、植物盆栽密度（绿化度）、装饰密度主要涉及视觉评价因素；而地毯等部品的质地则主要指向触觉评价因素，对使用者心理产生直接影响。需要明确的是，这里讨论的空间舒适性，不仅限于把握上述物理性的环境因子，而将其他非物理性因素也作为考量的对象。

6. 影响舒适度的其他环境要素

除了前文讨论的影响室内外环境舒适度的一系列因素之外，还有很多其他重要影响因素。

对室内外空间舒适性的追求，即人对环境的需求理论探索。根据心理学家亚伯拉罕·马斯洛（Abraham H. Maslow）的需求层次理论（图2-67），人的各种需求的产生与满足是具有排序的，包括缺失性需求，即生理需求、安全需求；成长性需求，即爱与归属、尊重需求、自我实现。而这五种需求又是阶段性产生的，且不会都依赖于人工建造的环境而得到满足。例如成长性需求范畴的爱与归属和尊重需求汇合在一起则为"圆满人际关系需求"，前者受多种人为因素影响，很大程度不受实体空间控制，却是衡量空间舒适度的标准之一。

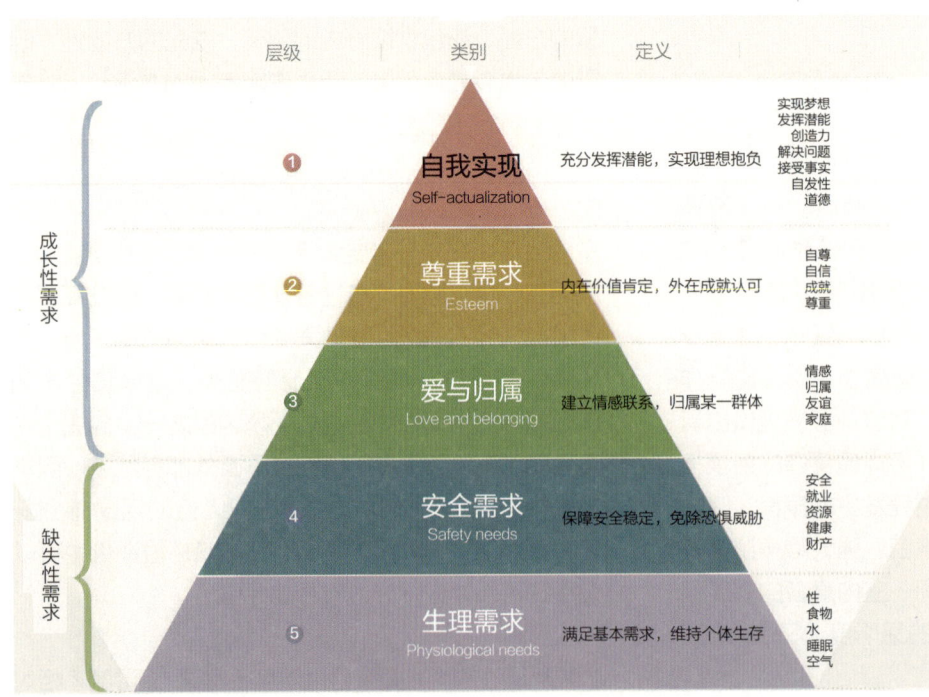

图2-67 马斯洛需求层次理论

(三)舒适度与心理健康

1. 心理健康的概念

心理健康是人在成长和发展过程中,认知合理、情绪稳定、行为适当、人际和谐、适应变化的一种完好状态,是健康的重要组成部分。心理健康又是身体健康的条件和保证,人是由大脑皮层统一指挥、各生理系统协调活动的有机体,生理活动与心理活动是互相联系、互相影响、互相制约的(图2-68)。积极健康的心理状态有益于身体健康;消极不健康的心理状态使人容易患生理疾病。良好的心理状态关系广大人民群众幸福安康、影响社会和谐发展。加强心理健康服务、健全社会心理服务体系是改善公众心理状态水平、促进社会心态稳定和人际和谐、提升公众幸福感的关键措施,是培养良好道德风尚、促进经济社会协调发展、培育和践行社会主义核心价值观的基本要求,是实现国家长治久安的一项源头性、基础性工作。

2. 环境舒适度与心理健康的关系

舒适的环境不仅包括与居住相关联的物理量值,诸如温度、湿度、通风换气、噪声、光和空气质量等,还包括主观性心理因素值,诸如平面空间布局、私密保护、视野景观、感官色彩、材料选择等。物理量值直接作用于人的生理系统,影响生理健康。心理因素值则影响人的主观情绪,进而涉及心理健康状况。因此,环境舒适度与心理健康的关系显而易见,舒适的环境会促进身心健康,反之则会产生不良影响;用户的心理状态同样可以反作用于空间设计,促进舒适性策略的提升。值得一提的是,在设计过程中应该根据具体情况关注使用者的个体身心状态,例如是否为行动不便的残障人士,需要注重无障碍设计;是否患有其他身心疾病,需要在环境设计层面提供特殊照顾;是否有特殊的个人经历,触及特定环境会引发身心不适等。只有全面、细致地关注受众的身心需求,才能更高效地推动设计进程,营建舒适的空间环境。

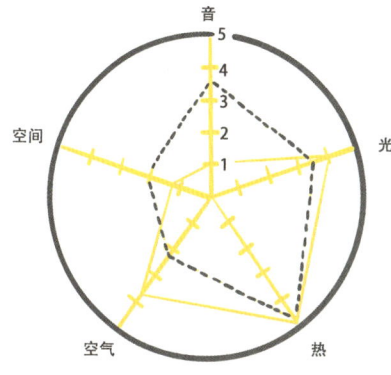

(a)物理评价(测定结果)

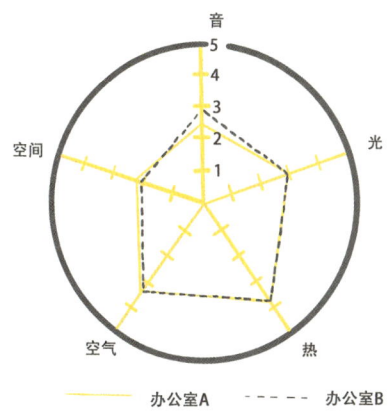

(b)心理评价(问卷结果)

图2-68 物理评价(测定结果)、心理评价(问卷结果)

第八节 通用设计原则

一、通用设计的概念

通用设计作为一种设计思潮和设计方法始于美国。1970年美国北卡罗来纳州立大学的罗恩·梅斯(RonaldL.Mace)教授(图2-69)主张"设计不应因年龄、能力、性别而有所差异,应该为所有人做设计",并在1974年的联合国障碍者生活环境专家会议上提出了通用设计的三个概念:无障碍设计,即去除公共设施障碍,提供容易使用的设计;可适

图2-69 罗恩·梅斯教授

性设计，即考虑障碍者的特殊需求，提供适合使用的设计；终身设计，即超越年龄、世代，提供终身使用的弹性设计。其在1985年的文章中正式使用"通用设计"的名称，提出通用设计的定义为："任何一种产品或环境空间的设计应以尽可能符合所有人使用为原则，不管使用者的年龄、身体状况或能力水平，使任何人皆能方便使用。"

目前，以人文关怀为核心的通用设计在全球各地具有不同的演绎与含义，如包容性设计、全民设计、全生命周期设计等。虽然不同名称与社会背景下的理念侧重点具有差别性，但是目标具有一致性，都是最大化地为所有人群设计。在2002年巴西里约热内卢召开的"为21世纪而设计——国际通用设计会议"上，瓦莱丽·弗莱彻（Valerie Fletcher）说："无论人们怎么称呼它，通用设计、包容性设计、全民设计还是全生命周期设计，这种全世界范围内开展的以人为导向的设计是最值得所有人注意的，这才是真正具有价值和意义的。"

不同社会背景下对通用设计有着不同的理解，其名称也体现出本土化特征。

①全民设计：全民设计是根源于北欧社会政治背景而发展的设计理念，它受到20世纪中期斯堪的纳维亚功能主义与人体工程学等相关理论的影响。其理念旨在让设计为尽可能多的人服务，尤其是特殊人群。

全民设计的核心思想与通用设计具有极大的相似性，都是指无须改良或专门设计便可适用于每一个人的产品、环境及通信。该理念在北欧福利政策的社会背景下衍生而出，在一定程度上可被视为与通用设计相一致的理念。但二者之间仍存在细微的差异。将设计的受众人群进行对比，会发现全民设计是从特殊需求人群出发的理念，而通用设计面向的则是所有人群；在设计过程中，全民设计更关注用户测试，并将其作为重要环节之一。

②包容性设计：通用设计理念在英国被包容性设计所取代，二者的设计目标具有一致性，因此常被互换使用。它最早发源于伦敦皇家艺术学院海伦·哈姆林（Helen Hamlyn）中心的研究课题，目前在北欧及其他地区也被广泛使用。20世纪80年代英国包容性设计研究的代表人物罗杰·科尔曼指出，包容性设计侧重于社会参与性，其对象不仅限于残疾人和老人，而是包括更广泛的社会群体。英国剑桥工程设计中心（Cambridge Engineering Design Centre）认为包容性设计并非适用于所有人，也不是以专业的产品和服务来满足某些特别的需求，而是一种新的设计类型。

在某些情况下，通用设计与包容性设计在理论研究中存在细微的差异性。包容性设计往往会被当作企业的商业策略，旨在使主流产品、建筑和服务能够满足最大数量的需要。其意味着在设计中要尽可能包含广泛的使用者。

对比而言，通用设计则是一种自下而上的设计过程，以关注主流健全用户为前提，力求提升设计对特殊用户群体的通用性。包容性设计意在将受众人群拓展至一个相对理想的范围，并非所有人，而通用设计在一般情况下的愿景则是所有群体。但是，无论是通用设计还是包容性设计，除去地区、领域、运用过程等具有些微差异性之外，作为设计理念都是在最大程度地进行关怀性考虑。

二、通用设计的原则

梅斯教授提出的通用设计七大原则为：公平地使用、灵活地使用、简单而直观、可识别的信息、容错能力、最小体力付出和适宜的空间。

（一）公平地使用

将具有不同身体条件，例如强壮程度、身体尺寸、身体能力的人群纳入使用者的研究范围，综合考虑全人群的身体因素进行设计与开发。如：符合残疾人使用的盥洗台设计（图2-70）。

（二）灵活地使用

将具有不同兴趣爱好及产品使用能力的使用者都纳入空间与产品最终适用人群，为满足其灵活使用，而将

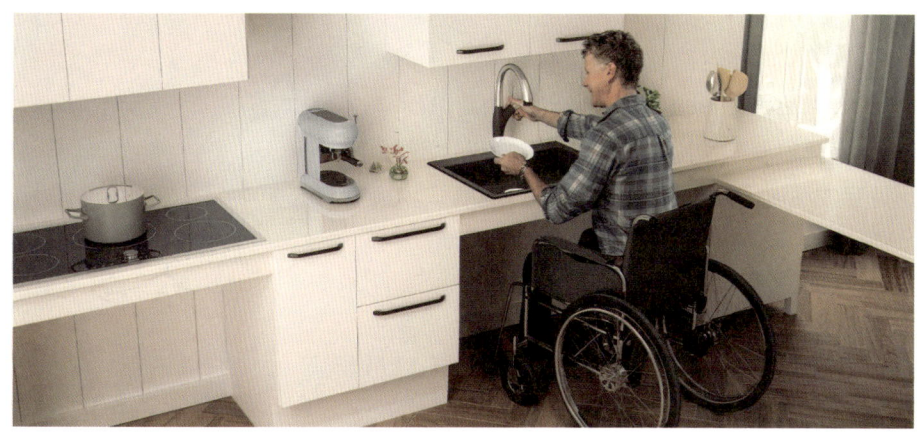
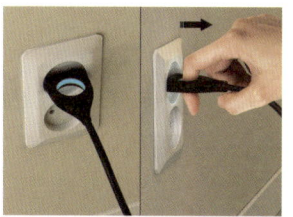

图2-70　符合残疾人使用的盥洗台设计

图2-71　简单易懂的设计

其融入设计开发中寻求解决方案。

（三）简单而直观

空间与产品的使用与操作方式应简单易懂，能真正便利地服务于使用者，不会受教育程度和文化水平所影响，也不会因使用者缺乏经验而晦涩难懂。且使用体验与说明尽量保持一致，保证与提升使用者的体验。（图2-71）

（四）可识别的信息

通过利用对比色、纹理、发光信息传递区域、触觉反馈及语音反馈等方式传递信息，使得用户能够通过多种感觉器官接收信息。例如一些人行横道线设备（类似红绿灯，但是具有一些操作功能）可以作为传递可识别信息的优秀案例。

（五）容错能力

将用户可能在使用产品过程中产生的错误完全考虑，在设计研发中通过正确引导，将用户使用错误降到最低的可能性。交互界面的主页按键及"否"键是该原则的常见案例。此外，可从任意方向伸进钥匙孔的钥匙系统、手机充电插口、安全锁键等都有具备容错能力的考量（图2-72）。

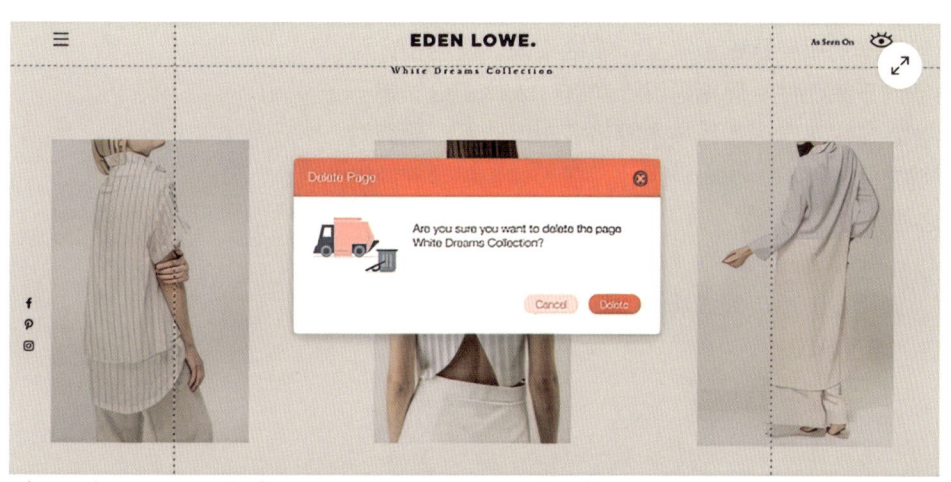

图2-72　可以容错的网页设计

第八节　通用设计原则

（六）最小体力付出

能够满足最大程度的高效性、舒适性及易用性，使得用户能够在使用与操作过程中最大程度地减少消耗体能。戴森吸尘器是展示该原则的一个优秀案例，该设备无须用户过多进行手部移动即可迅速完成清洁任务。

（七）适宜的空间

将不同用户身体尺寸、姿势及运动状态的使用者都纳入产品最终适用人群，创建产品合适的尺寸及使用空间，实现与产品之间舒适及有效的移动与交互。比如在研发医疗设备的过程中，通常会进行翔实的临床研究，包含手术室环境研究、病房环境研究、家庭环境及室外环境研究，清晰了解产品的使用环境与用户的操作习惯，将尺度要素融入设计。

基于通用设计的基本理念，美国堪萨斯州立大学人文生态学院提出5-A原则，即可亲近性的（accessible）、可通融的（adaptable）、有魅力的（attractive）、可调整（adjustable）、可负担的（affordable）。通用设计原则应用在空间领域的研究已有不少，如校园开放空间、图书馆、公园、居住空间等。2006年，英国"建筑与建造环境委员会"发行《通用设计的准则》中提出了有关各类使用者皆可使用的建筑、空间与场所的设计建议五项原则：以人为本的设计过程、体认差异性与多样性、满足不同使用者的需求、允许不同的使用方式、提供给使用者舒适而便利的环境。

三、通用设计的应用

通用设计作为一种设计思潮和设计方法并不是一个全新的概念，至今已有三十余年的历史。但是将其置于人体工程学的讨论语境中进行有针对性的分析与比较，尚属一次可圈可点的尝试。通用设计与人体工程学在原则、研究人群、属性三方面具有联系性。首先，两者原则一致，以人为本，使人们高效、健康、舒适地生活与工作；其二，研究人群一致。各类人群的综合因素都会纳入思考范畴，全人群各项数据是通用设计与人体工程学的研究基础；第三，属性不同。通用设计可被定义为一种设计方法论，更倾向于策略性从而指导设计实践，人体工程学是一门新型交叉学科，融合基础科学、技术科学、工程技术等诸多知识体系，研究对象与范畴皆是以人、机器、环境之间的关系为核心，因此，在人体工程学的教学过程中引入通用设计概念十分必要。

近年，由于高龄化社会的发展，通用设计适用领域从早期无障碍化、可及性、可适性，转向更具多元化、包容性的全民化设计。

第三章
人体工程学综合实践

第一节　家具、部品设计
第二节　类型空间设计
第三节　空间品质综合评价

第一节 家具、部品设计

一、分类与类型

（一）家具分类

家具的分类系统与方式较为多样。按照家具造型与功能大致可分为"腿类"家具和"箱类"家具，前者包括椅子、沙发、桌子、写字台、床等，后者主要为用于收纳的功能性家具；按照与人体使用的密切程度分为人体家具（如椅、床等坐具、寝具）、倚靠家具（如书桌、工作台）、贮藏家具（如柜、橱、架）。

随着科技的不断进步，传统家具也迎来了智能化的变革，智能家具逐渐走入了人们的视野。现有的一些智能家具已经开始从各方面改变人们的生活，给人们带来便利。例如能够监测人们的睡眠状态的智能床、可以帮助人们根据天气的情况来搭配衣服的智能衣柜、能给手机进行无线充电的智能床头柜等。从广义上来说，任何不需要人的参与就能够自动实现一些功能的家具都可以称之为智能家具。从狭义上来讲，具有控制器、传感器、机械传动等装置的，利用嵌入式技术使家具实体变成智能家居单品的就是智能家具。在智能家具中，坐、卧、置物等依然是重要的构成要素。

家具是室内陈设品类的重要组成部分，现代居所中的家具不仅具备基本的使用功能，也成为一种提升空间美感与氛围的艺术品。

（二）部品分类

1. 纯艺术部品

纯艺术装饰品只有观赏价值没有实用性，包括字画、摄影作品、雕塑、工艺美术品、个人收藏品等。

（1）字画

字画的传统表现形式包括楹联、条幅、中堂和匾额等，所用的材料也丰富多样，主要有木刻、竹刻、纸和锦帛等。

（2）摄影作品

摄影作品一般表现的是真实的情景，是对生活片段的纪实。虽然不乏部分摄影作品是经过特技拍摄和艺术加工的，但相较于其他艺术表现形式，摄影作品的力量感会给空间氛围增添无法取代的质感。

（3）雕塑

雕塑的题材广泛，内容丰富，材料种类亦丰富多彩，主要有瓷、铜、泥、竹、石、木等。雕塑作品一般分为玩赏性和偶像性。它能反映人的情趣、爱好、宗教信仰和崇拜偶像等。

（4）工艺美术品

工艺美术品表现的题材广泛，种类繁多，在用材上更加多样，如木、竹、草、藤、玻璃、塑料、陶瓷、石、金属等。

（5）个人收藏品

个人收藏品指主要根据个人情趣爱好收藏的物件，诸如邮票、钱币、古董、乐器、兵器等。这些收藏品大多数为纯粹的装饰品，承载的是收藏者的主观意愿与情感，在空间设计愈加个性化的趋势下需要重点考量，为使用者构建具有归属感、身份认同感的空间环境。

2. 实用性部品

实用性部品指既有功能性又有一定观赏价值的物品，包括织物、电器设备、灯饰、书籍杂志、生活器皿和文体用品等。

（1）织物

织物陈设的材质形色多样，具有吸声效果，使用灵活，便于搭配、组合，可以随着季节交替、个人的喜好变换不同的主体。在现代室内设计中，织物陈设所占的比重很大，对室内视觉效果影响极大，是不可忽视的陈设门类。

（2）电器设备

电器设备已经成为人们日常生活中必不可少的重要陈

设品。人们在选用时不仅重视它的功能实用性，其外观造型、色彩材质是否精美也是选用的原则。

（3）灯饰

灯饰在现代空间陈设中扮演重要角色。无论外观造型还是材料质地均具备广泛的选择空间。在空间部品配置中灯饰主要采用吊灯、吸顶灯、壁灯、落地灯、台灯和艺术灯带等。灯饰在整个环境的情景氛围营造中起决定性作用。

（4）书籍杂志

一般是指有收藏价值的书籍，如名著、专业书籍等，陈列在书房、工作室或特定房间的置物架上。它们既体现出实用价值，又给居室增添了书卷之气。杂志与书籍不同，大多数是临时性的摆设，没有收藏价值。但是从装饰效果上来讲，色彩时尚、形式多样的潮流杂志更具美感，随意摆放在沙发、窗台也能体现个人品位。

二、家具的设计应用

下面以人体家具中的坐具、寝具为例，讲解家具的设计应用知识。

（一）坐具的设计

1. 坐具的作用

设计考究的座椅可以减轻腿部肌肉的负担，防止不自然的躯体姿势，降低人的损耗能量，减轻血液系统负担。反之，不正确的坐姿会影响健康。久坐人群腹部肌肉松弛，脊柱变形弯曲，进而影响消化器官和呼吸器官（图3-1）。30°的弯曲是一个健康的背部能容忍较长时间的最大负担角度。

2. 坐具的分类

（1）椅子

①餐椅：进餐时使用，分为扶手椅和无扶手椅。

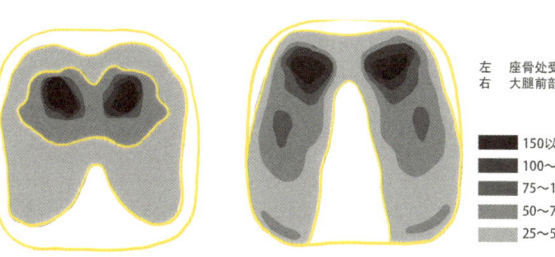

座位面的体压分布的不良状况（g/cm²）

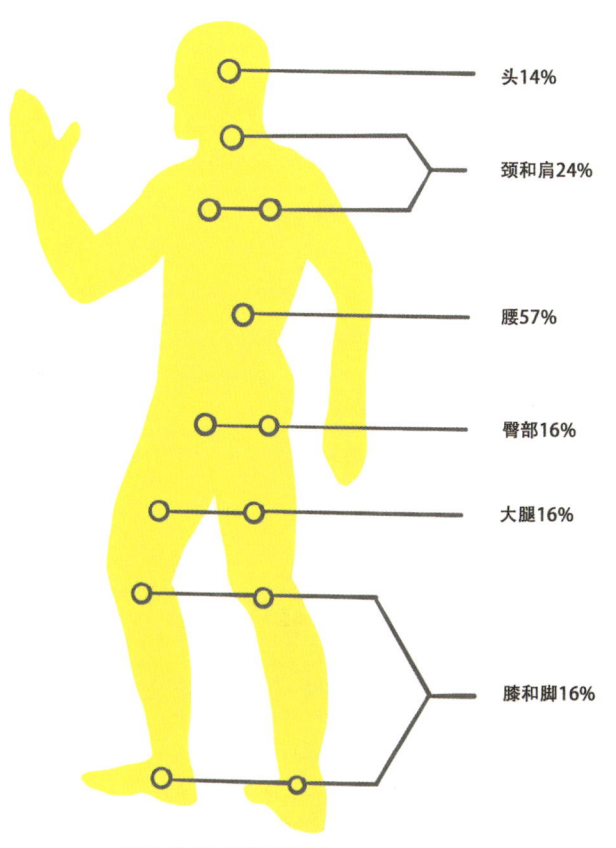

坐姿工作者疼痛部分百分比

图3-1 久坐对身体的影响

座椅上的压力分布

②办公椅：即使长时间工作也不会让人感到疲劳，符合人体工程学。带有脚轮十分方便。根据使用者的爱好，可以选择有无扶手。
③安乐椅：一个人休憩用的椅子。可斜倚（椅座和靠背的角度能够调节），也有带脚轮、方便移动的安乐椅。
④躺椅：安乐椅中靠背较高的椅子，在酒店的休闲室中经常使用。
⑤摇椅：一般来说为高靠背、带扶手，前后可以摇动。
⑥脚凳：与安乐椅组合使用，放脚。
⑦沙发：带靠背和扶手的长椅子。在靠背和椅座中填充一些材料。其中，两人坐的沙发称为双人沙发。
⑧长沙发椅：睡椅，午睡、打盹儿时的个人用椅。
⑨长沙发床：白天睡觉用的简易床。床头的部分有倾斜。
⑩拼合沙发：通过沙发组合能够调整各种各样的布局，也被称作模块组合沙发。其中，使用在角落的沙发称为转角沙发。

（2）桌子
①餐桌：进餐时使用的桌子。一般来说，桌子的高度在70cm左右。
②伸缩桌：延长式的桌子。可以按照人数的多少来进行调节。
③折叠桌：桌腿等可以折叠的桌子。有些桌子折叠后可收藏于墙壁。
④茶桌：饮茶、喝酒时使用的桌子，比起餐桌高度略微低一些。
⑤咖啡桌：放置在客厅沙发前使用的小桌子。咖啡桌的高度与椅子座面的高度大致相同。
⑥会议桌：开会用的大桌子。
⑦边桌：有时也被称作角桌，放置在沙发侧面或者房间角落、较低的桌子。与沙发扶手的高度相当时，显得美观大方并且使用方便。
⑧床头桌：放置在床侧面的桌子。
⑨套桌：数个桌子组合在一起使用的桌子。
⑩写字台：针对个人，主要用于工作、学习。按照用途，可配备用于收纳物品的抽屉（图3-2）。

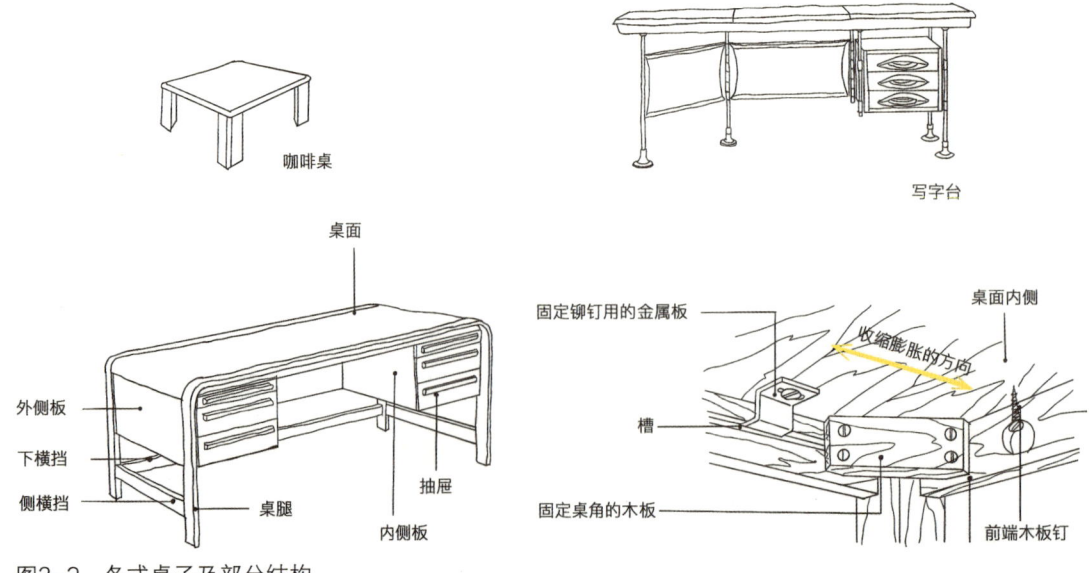

图3-2 各式桌子及部分结构

3. 坐具设计原则

（1）确定适宜高度与角度的工作面

人的头和躯体姿势受工作面高度和倾斜角度两个因素影响。如绘图桌等需要精细作业的家具台面设计应注意以下要求：高度和倾斜度都可调；桌面前缘的高度应在65～130cm内可调。

工作面的高度是人工作时身体姿势的决定因素。工作面的高度设计按基本作业姿势可分为三类：站立作业、坐姿作业、交替式作业。站立作业的最佳工作面高度为肘高以下5～10cm。其中男性平均肘高约为105cm，最佳作业面高度为95～100cm；女性平均肘高约为98cm，最佳作业面高度为88～98cm；精密作业时作业面上升到肘高以上5～10cm；放置工具材料台面高度降到肘高以下10～15cm；高强度作业时，工作面降到肘高以下15～40cm。站立作业的工作台面应该按身材较高的人设计，身材较低的人可使用踮脚台。

坐姿作业时作业面的高度仍在肘高（坐姿）以下5～10cm比较合适。办公桌的高度是否合适还取决于另外两个因素：其一，面与桌面的距离（影响人腰部姿势）；其二，桌下腿的活动空间（决定腿是否舒服）(图3-3)。

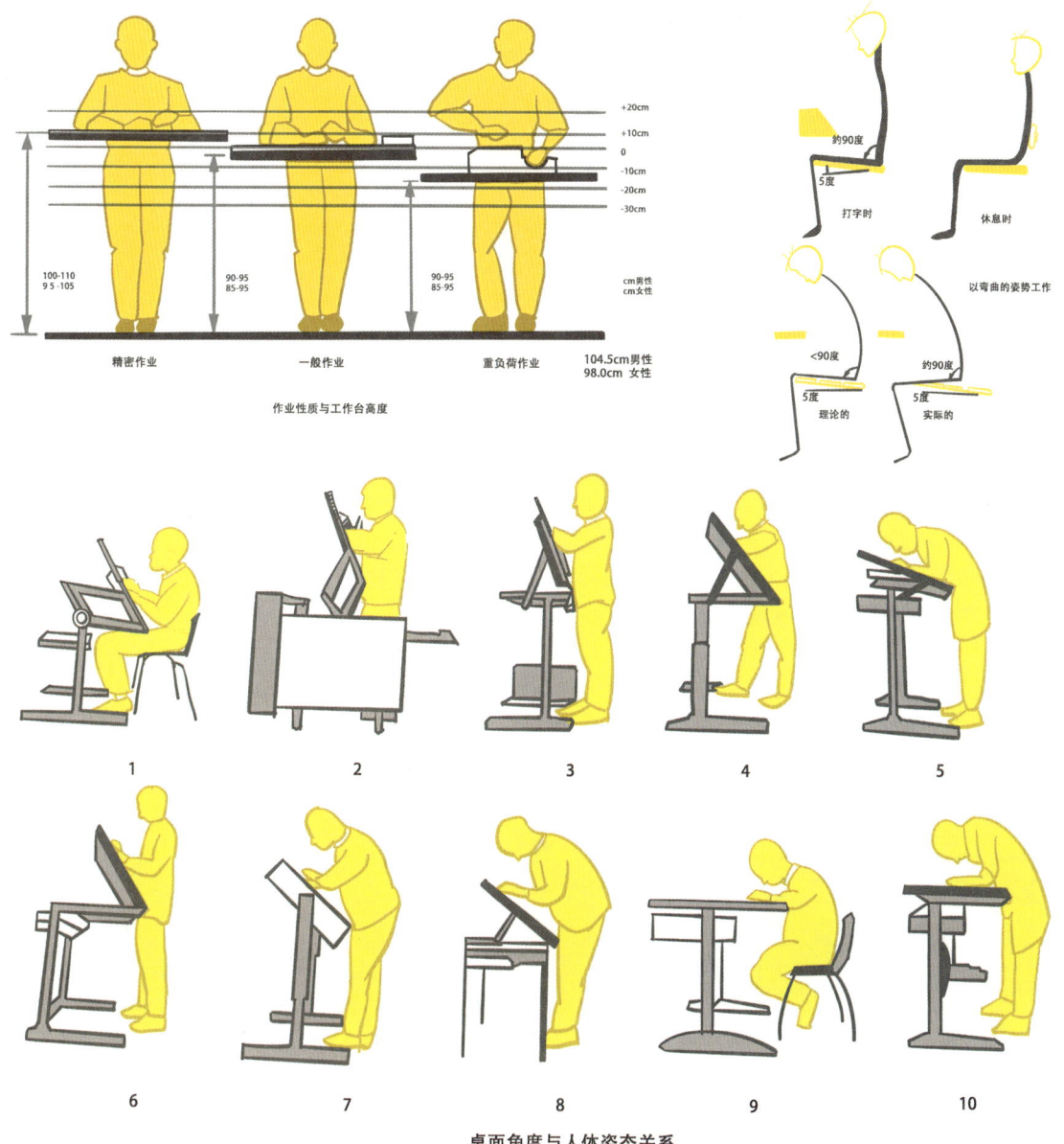

图3-3 工作台尺度与人体姿态的关系

交替式作业则更具灵活性，使用者可根据实际需求，通过卡挡、气压弹簧、电机等方式获得升降动力，调整作业面高度，从而实现坐立交替，减轻长时间保持固定动作带来的身体不适。

（2）满足最低能量消耗

有研究人员对烫衣板高度与工作人员生理方面的关系做了实验研究。实验中使用了人的能量消耗、心跳次数、呼吸次数等指标。多数实验者选择烫衣板距肘下150mm为宜。如果把烫衣板置于距肘下250mm，出现了实验者呼吸情况稍有变化的现象。还有人对不同高度的搁架做过实验研究。实验中使用了距地面以上100mm、300mm、500mm、700mm、1100mm、1300mm、1500mm和1700mm的不同搁架。实验结果表明，最佳的搁架高度是距地面1100mm。这个高度即为高出人体肘部150mm。受实验者使用这个高度的搁架能量消耗最小。同类实验一致指出，当搁架高度低于肘部时，随着搁架高度的下降，人的能量消耗增加较快。这是由于人体自身的重量造成的。例如一个58kg体重的女工，搬运0.5kg的罐头到高于肘部的搁架上，她必须举起0.5kg的罐头、1kg重的前臂、1.5kg重的上臂；搬运0.5kg的罐头到低于肘部的搁架上，则需要不同程度地移动身体，这时能量消耗增加很快（图3-4）。

（3）基本数据

人向背后仰和放松时，椎间盘内压力最小；靠背倾角越大，肌肉负荷越小；50mm厚的短靠腰与平面的靠腰相比，可降低椎间盘压力，减轻肌肉负荷；座位前沿的高度不应大于坐着时从地板到大腿下面的距离（脚弯处和高度）；能调节的座位高度（380~480mm）可适合各种高度的人的需要；座位通常深度是375~400mm（多用途椅子深度不应超过430mm）；座位面的宽度不能小于400mm（图3-5）。

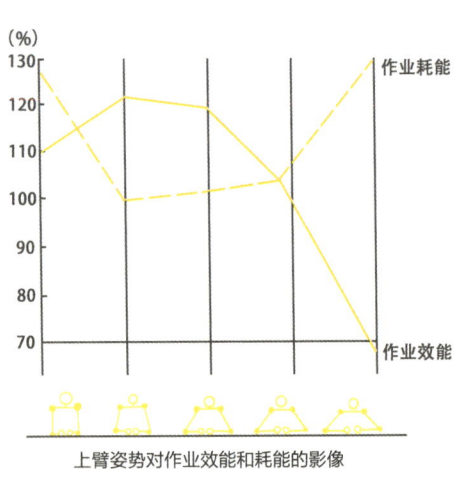

上臂姿势对作业效能和耗能的影像

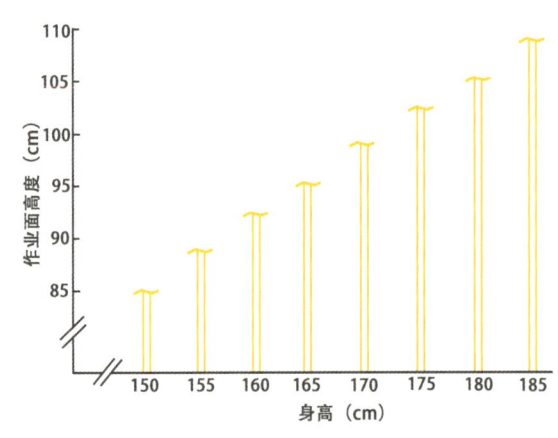

轻负荷作业，身高与作业面高度

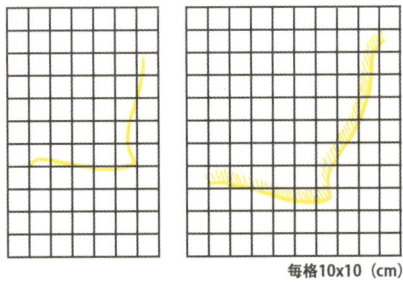

座椅的侧面轮廓

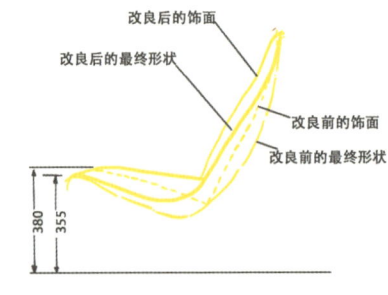

角度和尺寸比较		
	阅读	休息
座位的倾斜（°）	23-24	25-26
靠背的斜度（°）	101-104	105-108
座位高度（cm）	39-40	37-38

图3-4　人的体态与座椅造型的关系

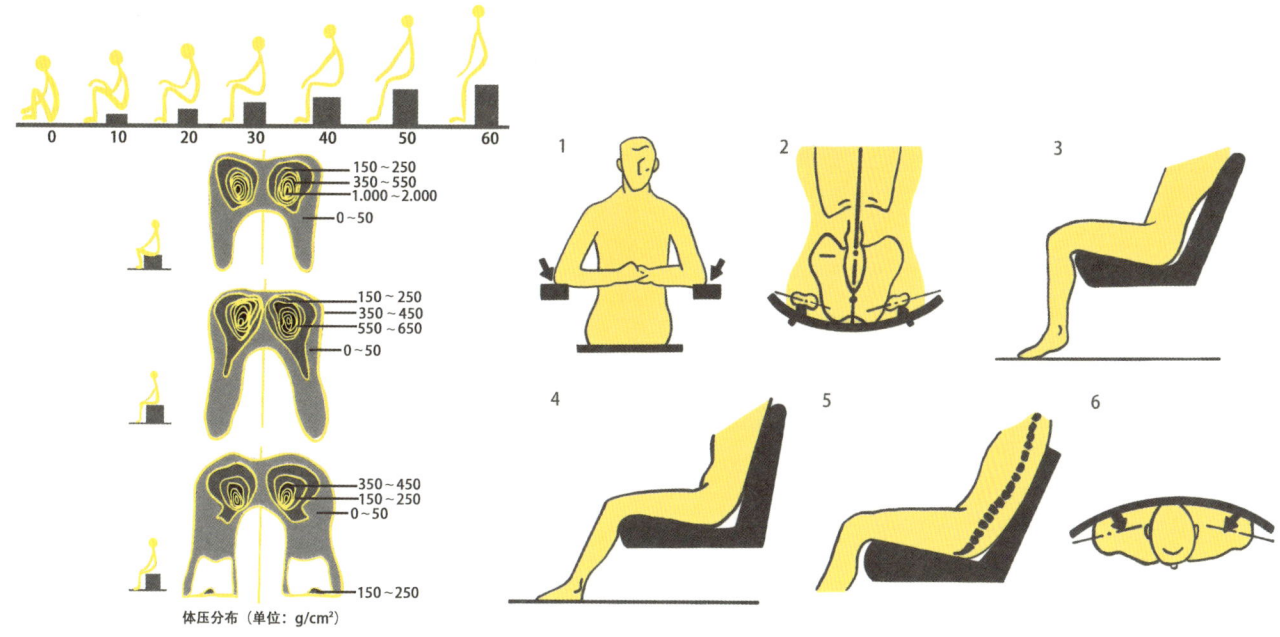

图3-5 座椅受力与人体关系

（二）寝具的设计

1. 床的概述

人有近三分之一的时间是在睡眠中度过的，寝具在人类日常生活中扮演着重要的角色。在中国漫长的历史发展时期，根据人类的需求以及生产力发展水平的提高，寝具在形式和功能上不断变化和升级，出现过很多形式，如"席""榻"和"床"等，它们除满足人的"睡卧"需求之外，有时还充当着坐具的功能。

"席"是石器时代出现的第一种寝具形式，作为睡觉的工具可以防潮、防湿，此后"席地而居"的生活习惯一直延续到汉朝，北魏时期出现了"渐高型"家具，经历两晋、南北朝的演进，至唐朝时期"垂足而坐"才完全取代了"席地而坐"的生活方式。西汉时期出现了当做"坐具"使用的"榻"，低矮、无围子；到东汉时已发展出了"屏风"和"榻凳"，"榻"的形式越来越复杂，高度也增加了；"榻"在隋唐、五代都有发展，且具备了"睡卧"的功能。床由最开始"只是高于地面的土台"，发展到隋唐时期的"四面床"，再到享誉世界的明清"架子床""拔步床"，这些不同类型的床是人们生活起居方式演变的实物史料。研究寝具在历史发展过程中形式与功能的演变情况，是对中国家具发展研究的有力补充。

我们日常生活中使用广泛的床已经形成了一定的范式，按照从小到大的尺寸分为单人床、母子床、双人床、加宽大床、超大床等，经过漫长的历史发展，演变成现在的样貌。在古埃及，床是具有四条动物形状的床腿；古希腊、古罗马四条腿的床除了用于休息之外，也用于进餐和社交；中世纪的床主要用于休息和睡眠；在13到16世纪期间，由于有裸睡的风俗习惯，床开始带有华盖和床帘；文艺复兴时期的华盖由木板转变为四柱形式，制作精美豪华；18世纪的法国路易十四时代（巴洛克时期）出现"权威床"，用于公务，而进入路易十五世时代（洛可可时期），床的种类逐渐增多，壁龛床（床在墙的凹部）和波兰床（附带精美的华盖）等较为著名；19世纪拿破仑时代，舟形床开始流行；英国到19世纪中叶为止，一直以四柱式床为主流，而到了维多利亚时代开始在床垫中加入弹簧，使得舒适度得到大幅度提高。

2. 床垫与睡眠质量

人在睡眠时身体也在不断运动（图3-6、图3-7），睡眠深度与活动的频率有直接关系，频率越高，睡眠深度越浅。床面材料应在提供足够柔软性的同时，保持

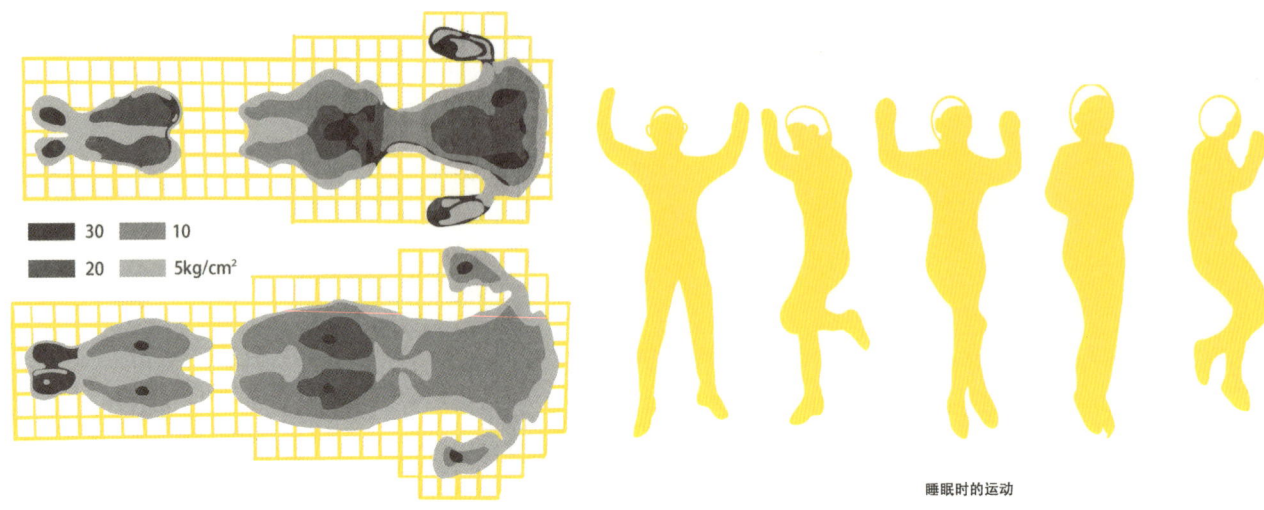

图3-6 睡眠姿态与床的受力关系

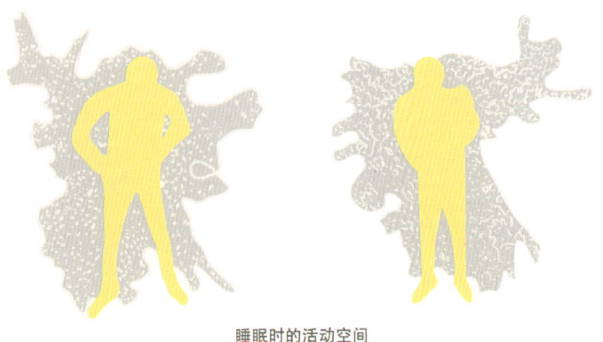

图3-7 睡眠时的活动空间

整体的刚性,这需要多层的复杂结构。床垫(图3-8)的重要作用是当人躺下时,均匀释放身体的重量和压力。睡在床垫上时,脊柱的状态很重要。理想的情况是,睡下时的脊柱和站立时的脊柱一样,呈现自然的S形。因此,如何平衡肩部和臀部这些承受压力大的部位,以及腰部和腿部这些承受压力较小的部位,成为衡量一个好床垫的重要指标(图3-9、图3-10)。

(1)弹簧床垫
顾名思义,弹簧床垫具有相当好的弹性。其开放式弹簧结构可以促进床垫内的空气流通,保证良好的透气性,让人们在睡觉时不会感觉到闷热。弹簧床垫的价格也是床垫中最经济的。这类床垫更适合身体状态较好的年轻人使用。

(2)泡沫床垫
泡沫床垫也称为海绵床垫。质地柔软且富有弹性,可

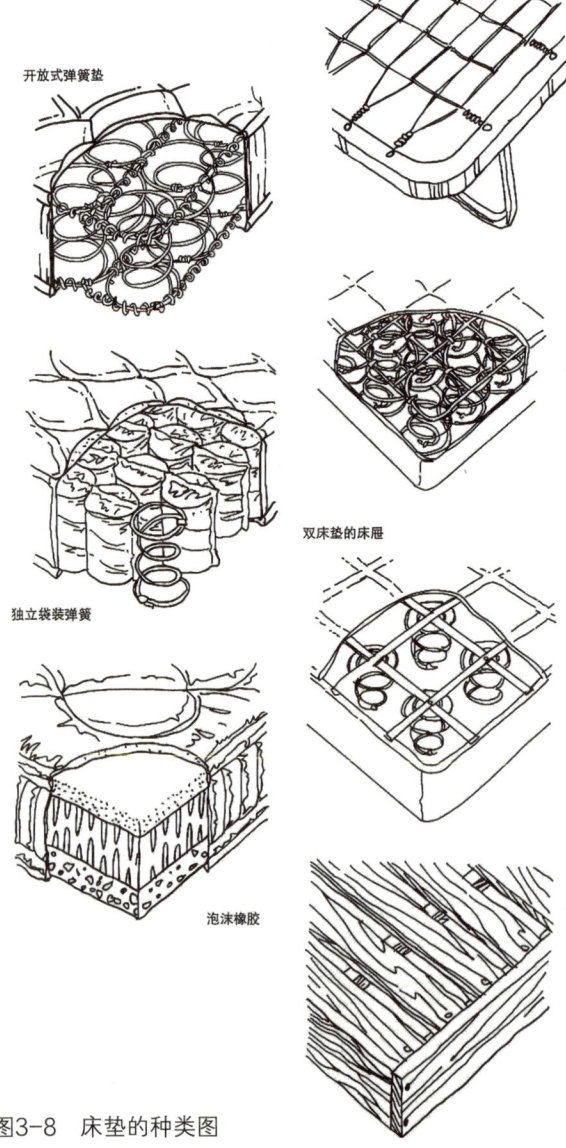

图3-8 床垫的种类图

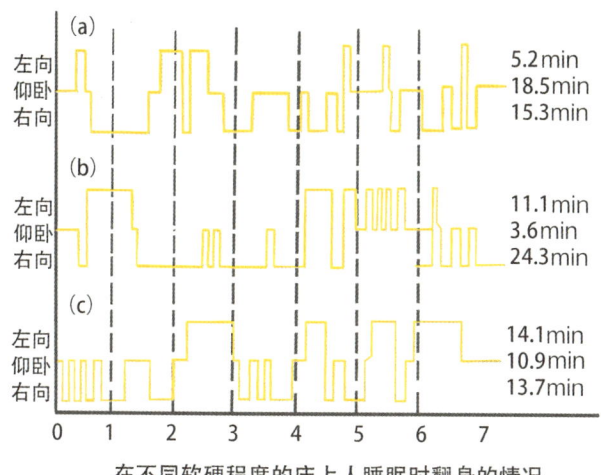

图3-9 睡眠翻身情况与床垫软硬程度的关系

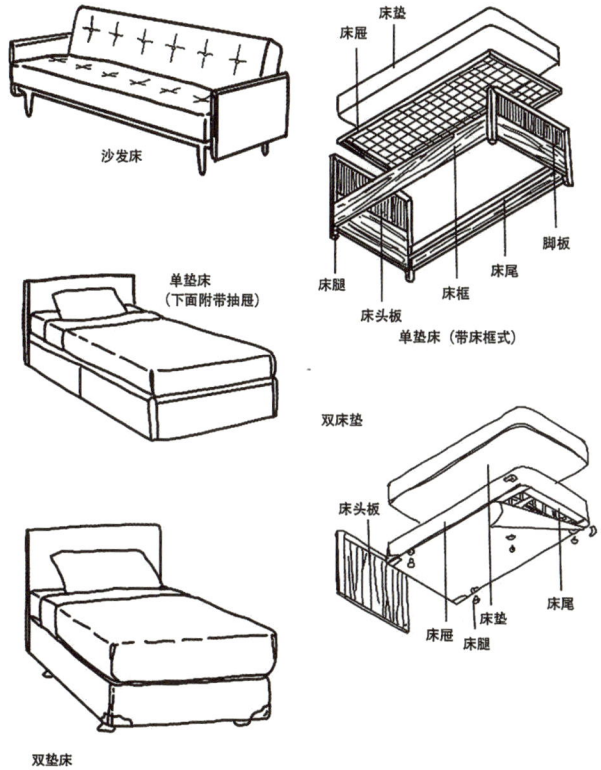

图3-10 床垫与床的结构

以紧密贴合人体曲线,给身体提供充分的支撑,缓解身体压力。同时,泡沫床垫具有良好的保暖性,可以维持温暖的睡眠环境,提高睡眠质量。对于怕冷、经常起夜的老年人来说,泡沫床垫较为适宜。

(3) 记忆海绵床垫

记忆海绵床垫是泡沫床垫中的翘楚,又被称为"慢回弹床垫"。记忆海绵内含感温离子,当遇热或受到重压后,能根据人体对床垫的压力而自动调节以提供最精准的支撑,并延时释放回弹力,持续有效地将人体体重均匀分散,以达到睡眠时的"零压力"状态。

(4) 乳胶床垫

乳胶材质带有透气孔,在排出潮气的同时提供良好的透气性,同时乳胶能保持恒温,又兼顾了保暖的特性,为使用者提供一个稳定舒适的睡眠环境,帮助他们达到高质量的睡眠。乳胶床垫又分为天然乳胶床垫和合成乳胶床垫。通常,天然乳胶床垫中的乳胶含量为85%左右,由于乳胶易老化,100%乳胶制成的床垫耐用性很低,所以不存在100%纯天然的乳胶床垫。天然乳胶中的橡树蛋白成分可以预防螨虫和过敏,尤其适合敏感性人群;合成乳胶则不含这种成分,但是它光滑的乳胶壁结构可以有效地抑制螨尘的吸附,防止吸入。同时,合成乳胶具有良好的耐磨性和耐热性,不易老化,使用寿命更长。

三、部品的设计应用

(一) 陈设概述

人居空间品质需求的不断提升使陈设在室内外环境设计系统中占据着举足轻重的位置。优秀的陈设设计可以烘托空间气氛,为使用者营造舒适的空间氛围,提升人们的精神愉悦感。选择、布置陈设品的基本原则是需全面考虑陈设物品与家具的协调统一及不同陈设部品间的关系。此外还要考虑家具、陈设、空间之间的关系。

(二) 设计原则

1. 舒适性

陈设设计的首要原则是舒适性,无论是视觉层面的舒适性或是实际使用上的便捷性,通过合理的设计策略为使用者提供宜人的空间环境是高品质空间的基准。设计形式的美观性与使用上的舒适性需要针对方案的具体问题进行平衡。在设计前期需要从用户的行为模式与实际需求出发,充分考虑室内家具、部品对用户的作用与影响,进行高度匹配的细致考量。同时,还需要保证室内器物的高效利用，过于形式感的陈设策略并不适用于大部分日常生活、工作空间。这就需要设计者在实际设计过程中全面考虑器物本身的价值与作用，针对空间的定位、使用人群、使用场景等因素进行满足舒适性的优质体验设计。

2. 统一性

统一性原则要求设计师遵循统一性的设计理念，无论是纯粹装饰物还是满足功能性的实用家具，构建统一的协调关系是品质空间的基础。最为浅显的表现是室内陈设颜色、材质、造型等外观层面的统一性。陈设整体要遵循一个基础色调，防止色彩对比过于强烈造成的视觉效果杂乱，如温润的同色系搭配与清晰的补色对比；部品所用材质需满足使用感的舒适性与视觉上的匹配度，材质对比需张弛有度，注重微妙的细节品质，如石材与金属、木材与棉麻等；坚持统一性原则进行陈设布置，可以从整体层面为使用者营造统一、协调的舒适感。

3. 品质性

消费刺激下的公众不止步于基本功能性与舒适性的满足，开始更多关注空间的品质感。陈设作为环境设计范畴中的"柔性"因素是提升空间细微品质的关键。常规理解的硬装因素在空间层面构建整体框架，而在布局、造型、色彩、材质、肌理等方面更具灵活性与可控性的陈设设计通常可以在感观维度塑造空间氛围。例如通过对称性布局凸显空间仪式性；借助木质家具与部品的色彩肌理营造温暖的空间氛围；利用强烈的布艺色彩对比形成明快的视觉效果；凭借细腻的质感与工艺彰显空间温润的细腻之感……陈设部品的设计在细节之处促进空间品质的提升，遵循品质性的设计原则可以最大限度地发挥陈设在空间中的作用。

（三）设计策略

1. 合理布置家具

家具在整个陈设系统中是占用空间最大的物品，也是室内生活的重要组成物品之一。家具的布置直接影响日常生活的便利性与舒适性，因此是设计者重点考量的问题，在充分考虑效能利用问题的前提下满足美观性是家具设计的基本原则。家具可以理解为实用家具与观赏类家具。前者主要为人们的日常生活提供便利，满足基本的生活需求，主要有床、衣柜、沙发、桌椅等，是生活场景中必不可少的物品。相比较之下，观赏类家具在室内环境中主要起到美观作用，比如摆放架、屏风、墙体装饰等。设计师在设计室内陈设过程中，需要处理好两种不同类型的家具，达到在满足用户生活基本需求的同时也可以丰富室内环境的目的。

2. 合理利用装饰物

在室内陈设设计中，装饰物的运用可以提升整体室内设计的艺术效果，比如各式工艺品、布艺、艺术画等都可以突出室内陈设设计主题。对于装饰物的选用设计师需要注意两方面内容：其一，要注意协调性、匹配性，使装饰品与室内外整体设计概念与氛围保持一致；其二，设计师要注意控制装饰物数量与成本，很多装饰设计师误以为装饰数量多、价格昂贵可以增强装饰效果。但事实上，数量过多容易给人造成设计语言的凌乱之感，过多装饰元素的繁复堆砌不仅误读了对装饰的理解，更直接影响陈设效果的呈现及整体空间设计概念的阐释。因此，设计师需要梳理设计逻辑，控制装饰物数量，严格筛选品质，最大限度地发挥装饰物在室内外氛围营造中画龙点睛的作用。

我国在大力发展经济的同时，环境问题日益突出。长久以来，绿色、健康环境的营造成为环境设计领域的关键议题。高质量的室内外陈设也成为一种设计策略来满足绿色生态的需求。对此，设计者需融合大健康理念，不仅在建造源头对污染物进行控制，还可借助植物、水景等室内外景观来提升生态性。但需注意的是，由于不同种类的植物需要的温度、湿度、空间不同，室内环境有限，需要设计师在选择植物时充分考虑以上客观因素，以具有较强生命力、容易打理的植物为佳，比如吊钟海棠、茉莉、棕榈、绿萝等。此外，为进一步优化室内生态系统，可以充分利用插花、盆景等小装饰物进行点缀，在营造绿色环境的同时增强室内艺术氛围（图3-11、图3-12）。

综上所述，无论是空间隔断、家具器物还是小装饰物的设计和选择都需要遵循相应的设计原则，确保在满足人们使用需求的同时，可以营造出令人愉悦的室内外环境。

图3-11 澳大利亚的CreativeCubes.Co 联合办公室（设计公司：ARCHIEE）

1	HALL	6.8
2	LIVING ROOM	16.8
3	KITCHEN	9.7
4	HALLWAY	6.7
5	BEDROOM	19.7
6	BATHROOM	2.9
7	TOILET	1.3
8	CHILDROOM	15
	TOTAL ARED	78.9

图3-12 莫斯科某79m²住宅项目
（设计者：Bureau Slovo）

第一节 家具、部品设计

(四)实践手段

1. 视线汇聚处

不同位置处的人视线汇聚的中心往往是视觉核心,比如商业综合体中庭的景观设置。通常规则平面的中心也是视觉中心,比如酒店的大堂中央(图3-13、图3-14)。

图3-13 黑石M+酒店大堂

图3-14 黑石M+酒店接待区

2. 平面轴线交会处

同样遵循空间交会处重点设计的原则。我们常常在博物馆中看到主要走廊上,在通往其他通道的出口或交叉口处会设置艺术品陈列,而不是随便安置在墙边。

3. 中轴线

整个平面的中轴线是陈设布局最该考量的位置,很多陈设品会设置在中轴线上,或是在中轴线的两端,因为中轴线的两端是视线停留比较长久的地方。此外还常设置在中轴线两侧,形成庄重感较强的仪式氛围。

4. 平面转折的拐角处

空间转角处往往给人生硬的视觉感受,为了柔化空间的棱角,同时出于合理利用空间的考量,通常的操作是在墙角处设置盆景或单独设置一个立柜。

5. 空间过渡处

过渡空间指两个功能、布局、氛围不同的空间之间的缓冲地带(比如开放式厨房与书房间的通道等)。由于两个空间感受差异较大。可利用衔接两个空间的陈设方式去弱化这种生硬感。

6. 空旷界面

面积较大的空间界面如果没有造型变化会显得单调,但视觉又会停留很久。为了丰富视觉效果,可以通过体量较大的沙发、丰富的壁画、墙纸、高大的装饰物等陈设方式去创造更有层次的空间界面(图3-15~图3-17)。

图3-15 深圳小元里联合办公项目(设计单位:唯想国际)

图3-16　上海黑石M+酒店客房（室内设计：维几设计）

01 客厅
02 主卧
03 主卫
04 次卧
05 客卫
06 书房
07 餐厅
08 厨房
09 生活阳台
10 阳台

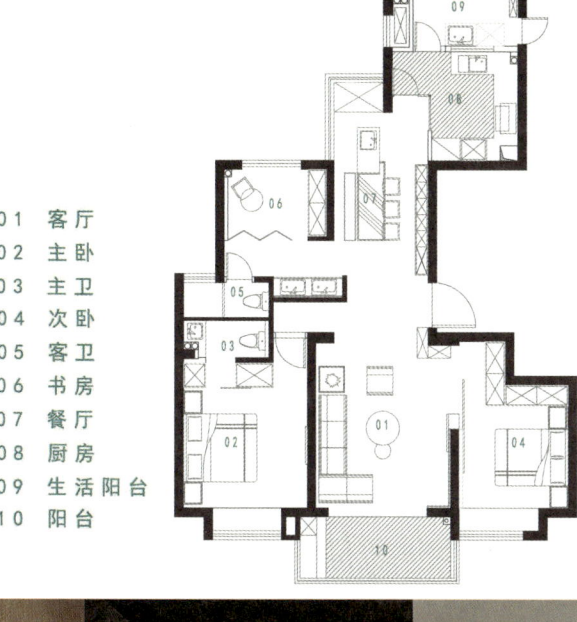

图3-17 "更多坐下来空间的家"（设计方：离宅半米）

第二节 类型空间设计

一、居住空间

(一)生活方式与行为因素

1. 回溯先锋设计——对"居住"的新定义

案例分析1:埃托里·索特萨斯的节日星球

"节日星球"是一组具有典型思辨特征的作品,埃托里·索特萨斯(Ettore Sottsass)通过一系列具有隐喻特征的虚构场景构建了一个充满诗意的乌托邦世界。索特萨斯的虚构世界充分夸大了技术的作用,他假定未来世界存在一套强大的循环生产与分配系统,脱离人力参与的"超级机器"生产出丰厚的"消费品",通过遍及全球的管道系统输送。这些管道被装配在一个充气装置上,由便携式键盘经由无线电通过位于一个个超级存储空间的电脑终端操控。这套便捷的"超级系统"将丰富的生活必需品自由囤积。在生产已经不再是问题的前提下,索特萨斯将人们生活的意义从琐碎的生产与消费活动上升至精神上的自我认知层面,并重新定义了建筑(空间)存在的意义。"工厂""办公桌""超市""银行""道路""人行道""晶体管""豪华的酒店大堂""瘸腿的看门人"是索特萨斯提取的关于现实的场景符号,实际是对当时西方社会鼓吹的消费主义热潮的解构与回应。被解放的人们可以成为游牧匠人与艺术家,个人觉知与喜好决定了人们的行为。在这种情况下索特萨斯对"设计"的必要性产生怀疑,认为建筑(空间)存在的意义也许是为了节日狂欢(图3-18~图3-23)。

图3-18 发射舞蹈的系统(华尔兹、探戈、摇滚、恰恰)

图3-19 舞蹈圣殿

图3-20 "印度印象"系列陶器设计

图3-21 可以听室内音乐的充气阀

图3-22 举办摇滚音乐会的室外场馆

图3-23 看星星的竞技场

案例分析2：建筑电讯派（Archigram）

当我们在讨论住宅的时候，我们究竟在讨论什么？功能、材料、结构是不是恒定的？50年前，一群刚从建筑联盟学院毕业的年轻人基于当时瞬息万变的西方社会提出了极具思辨性的思考，并做出了大胆回应，这就是Peter Cook与以他为核心的建筑电讯派（图3-24）。建筑电讯派致力探索建筑（空间）如何配合快节奏的都市生活、日新月异的科技以及不断翻新的流行文化。他们用"纸上建筑"的激进方式挑衅着城市系统的缔造者，呼唤城市新的生命体。在当今以图像主导的时代，他们的实验性探索依然具有长久的传播力和影响力。

图3-24　建筑电讯派成员

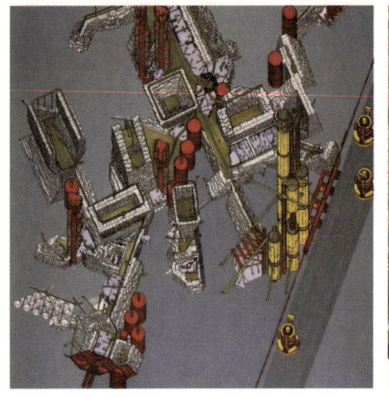

图3-25　插入城市；即时城市；"行走城市"

建筑电讯派主张"将城市作为一个独特的有机体的信仰"，是基于当时时代对国际现代建筑学会（CIAM）反叛思想的一种另类延续，提倡人对生活的体验，反对最小面积，反对与战后社会生活极其不符的功能分区，认为战后社会的重建"只能做到对密度、空间的分配和符合规定的要求，但城市精神却在这个过程中失去了"。学派最具代表性的作品是其在1960年提出的"游牧式"空间方案——"插入城市"（Plug-in City）、"即时城市"（Instant City）、"行走城市"（Walking City）（图3-25）。插入城市的蓝图基于对几千年来建筑固定性的质疑，在彼得·库克（Peter Cook）的构想中，传统意义上的建筑消失了，人们的生活空间是由一个又一个金属舱作为基本的"构件"组成的。根据每个地域的人口规模和不同的功能需求，将这些承载不同功能的"构件"进行组装、拆卸，形成可移动的社区。社区再插接到混凝土"巨型结构"中，形成城市。因此，这个城市是可变的，巨大的起重机在城市中不断运作，将一个个"构件"从这里搬到那里，使城市可以像电子设备一样即插即用。在插入城市中，稳固的底端主要是城市交通与供给；随着高度攀升，越上端的"构件"越飘忽不定，最上层会变成大量飘在空中的飞艇。

朗·赫伦（Ron Herron）在1964年提出的行走城市理念比库克的想法更加激进。在他的构想中，城市由漫游的智能建筑或机器人组成。人类生活在巨大的金属仿生态形体中（昆虫），城市可通过在形体下部的"腿"移动行走。若建立在人口密集的区域，建筑之间可以通过管道状的步行管道链接，组装成为一个超级城市。在行走城市中，他们试图展望未来，将那个时代的新技术和材料发挥到极致，并放诸当代。这也成为人们思索城市如何应对灾难与极端气候的灵感源泉。

即时城市的构想是在插入城市和行走城市基础上的延伸。在即时城市中，人们可以通过远程运输，把一个可组装、可拆卸的城市运送至欠发达地区，让当地的人们也可以享受大都市的文化。即时城市更加表现出了消费社会的本质，在技术的作用下，它们所到之处，城市拔地而起。城市只不过是一种消耗品或消费品，可根据不同的环境和需要进行自我组织。

建筑电讯派放弃了以往建筑作为永恒纪念碑的理念，而把它当成一种能够更新代谢的巨大生物，可以任意拆卸、移动。他们又像是机械怪物，椭圆形的躯壳靠着机械臂的支撑和头部的移动让城市不断演化。这个带着嘲讽意味的概念推动着城市不断拓展边界，把旧有的围合城市理念从禁锢的思想中解放，对后现代建筑的形成具有非常重要的意义。

2. 新型生活方式洞察
（1）共享经济与共享空间

在现代城市生活中，节能建筑、低碳交通、基于绿色能源的智能化设计等方方面面都体现着可持续理念与计划的实施。面对人类无限的需求和地球有限的资源，"所有权规则"似乎可以被重新定义，近年来对于探索和实施"共享经济"概念的行动让人们开始重新审视如何合理地利用资源。

共享经济依托网络效应，逐渐将其影响扩展到每一个人，并让更多人的资源在配置和使用效率上得到了很大改善。共享经济支撑起了一种全新、有效且多样化的生活方式，在保证同等生活质量的前提下，减少了人们的支出并使人们获得更多的服务。共享空间的概念在大城市病的环境下又重新回到了人们的视野。今天共享空间被大致分为几种类型，包含了短期租赁、合作式住房、协同工作空间、共享个人存储室和共享停车空间等（图3-26）。

图3-26　墨尔本多功能共享空间

（2）智能生活

未来的智能不再是简单的机械智能，而是与智慧的生活方式与态度一同改变。注重科技，更注重生活艺术；注重食材新鲜，更注重精确控制身体健康指数；注重生活场景的智慧打造，更注重家里空气、水等生态的品质。未来的智能生活不再是简单的科技的更迭，更多的是生活方式的彻底颠覆。想象这样一个生活场景，我们能够看到家庭内与生活相关的各项数据报告，包含家庭安防影像、本周食谱记忆、家庭空气质量，甚至每个成员的身体健康报告：从皮肤质量到睡眠质量，到卡路里摄入，再到体温波动。这些数据能够帮助我们精准控制身体状态。智能生活带来的新的场景的转变，可能是更彻底与细致的定制化，真正的智能生活不是高端科技家电的堆砌，而是在生活中真正获得借力，让智能的生活方式成为一种习惯。如对蔬菜的营养锁定，对智慧卧室睡眠模式的定制，都是真切地在改变每一个家庭成员的状态与生活质量。无论是当下还是未来，都是生活的本质（图3-27）。

（二）空间类型与设计

住宅建筑这一基于人们生活发展历程的建筑类型，随着家庭生活的发展与升级，未来的可升级性可能需要突破、改造、重建这些传统路径。应用可生长材料和模块化搭建，可能是两种有效的途径。下面列举了一系列关于未来居住系统的先锋案例加以阐释。

1. 居住系统

案例1：基于人类与食物关系的模块化住宅系统（The Farmhouse）

Studio Precht设计的完全模块化的居住建筑系统，"在某种程度上，我们不仅'建造'了我们的农田，同时'种植'了我们的建筑"。居住、种植、社交等行为在这栋大楼里并行不悖。项目的模块化结构系统交叉层压木板构成，此类木板可以自由造型且易于运输和安装。而模块化建筑构件均是场地外预制、场内累叠而起，在需要更改或者增加空间时，可以在较短施工周期内挪动或者增加模块。这种模块化的搭建堆叠方式，可以让建筑如同植物繁衍一般生长蔓延，让未来住宅体量变得灵活且富有繁衍之感（图3-28）。

图3-27 智能家居

图3-28 基于人类与食物关系的模块化住宅系统

案例2：声控360°旋转大楼（Dynamic Tower Hotel）

声控360°旋转大楼位于迪拜，是世界首个风力发电旋转大厦，由意大利建筑师David Fisher设计。每一层楼都能以不同速度360°旋转，并且大厦的旋转速度能够被声控。用户只要说出"快一点、慢一点、停止、开始、速度1、速度2、速度3"等，就可以控制当层的转速，其他部分的运动可以随着时间变化持续旋转。此外，旋转大厦还能识别天气和温度变化，通过建筑表面自动调节室内温度（图3-29）。

图3-29 声控360°旋转大楼

案例3：一体化自由住宅

这个住宅由LIXIL与坂茂合作设计而成。将浴室、卫生间、厨房、洗漱台集中为一体，排水设于其上方，使住宅设备占据的空间最小化，同时利用滑动收纳的装置，帮助用户根据需要自行改变房间的大小和格局，保证用户可以最大个性化地安排和利用住宅空间（图3-30）。

案例4：根据来访者行为改变空间形态的装置（Bubbles）

气泡（Bubbles）由一个大型充气体系组成，由Foxlin Architects设计。巨大的尼龙气囊挂在相互连接的透明管道上，这一体系可以根据来访者的行为进行收缩和膨胀。如果场地上没有访问者活动，整个场地空间会逐渐被这些泡泡填满，创造出一个半透明的、由泡泡填充形成的空间形态。来访者所感受的不是一个固定的空间立面而是一种体积可变的建筑系统。当来访者触碰一个泡泡时，泡泡会收缩，从而在装置内部提供出空间，活动越多空间就越开放、通透。从一开始，这一装置的目的就在于创造出一个可感知的建筑环境，这一环境可以根据不同的外界条件进行变化（图3-31）。

案例5：就地取材的火星居住体

该居住体位于纽约的设计事务所AI Space Factory，

图3-30　一体化自由住宅 | LIXIL、坂茂

利用3D打印的技术，直接以火星上的石头为材料，设计了一系列火星上的房子。他们采用玄武岩纤维的复合材料模拟火星上的材料，并通过3D打印技术在火星上建造居住群（图3-32、图3-33）。

2. 居住空间类型

（1）单元式住宅

单元式住宅也叫梯间式住宅，一般为多层住宅所采用，是一种比较常见的类型。每个单元以楼梯间为中心布置住户，由楼梯间直接进入分户门；平面布置紧凑，内部公共空间面积少，户间干扰不大，相对比较安静；有公摊面积，可保持一定的邻里交往，有助于改善人际关系。

图3-31　根据来访者行为改变空间形态的装置

图3-32　就地取材的火星居住体

图3-33　3D打印出的居住体

（2）公寓式住宅

公寓式住宅一般建造在大中型城市中，多数为高层楼房，标准较高。每一层内有若干单独使用的套房，包括卧室、起居室、客厅、浴室、厨房、阳台等。有的附设于旅馆酒店之内，供住户中短期租用。

（3）错层式住宅

错层式住宅是指一套住宅室内地面不处于同一标高，一般把房内的厅与其他空间以不等高形式错开至高度不同的平面上，但保持房间层高的一致性。

（4）复式住宅

一般是指每户住宅在较高的楼层中增建一个夹层，两层合计的层高要大大低于跃层式住宅，其下层供起居用，如餐厨、工作、洗浴等，上层供休息睡眠和储藏用。

（5）跃层式住宅

跃层式住宅是指一套住宅占有两个楼层，由内部楼梯联系上下楼层。其大多位于顶层，结合北退台设计，因此，大平台是其特色之一。室内布局一般一层为起居室、餐厅、厨房、卫生间、客房等，二层为私密性较强的卧室、书房等。

（6）花园式住宅

花园式住宅一般称作西式洋房或小洋楼，也称花园别墅。一般都是带有花园草坪和车库的独院式平房或二、三层小楼，建筑密度很低，内部居住功能完备，室内外空间尺度奢侈，装饰考究。住宅内水、电、供暖设备完善，户外道路、通信、购物、绿化等配置具有较高的标准，一般面向高收入阶层。

（7）小户型住宅

小户型是住宅市场上推出的一种颇受年轻人欢迎的户型。小户型的面积一般不超过60m²。小户型的风靡与当下年轻人的生活方式息息相关。许多年轻人在工作之后有了独立生活的资本与能力，在经济实力不够雄厚、尚未组建家庭或家庭人口不多的情况下，小户型住宅是一种适宜的过渡性选择。

（8）共享住宅

在如今的数字时代，共享生活方式不再是一个新兴概念。合住成为年轻人的首选，共享办公空间改变了传统办公室的属性，共享生活也进入租赁住房领域。共享住宅旨在形成一种有意向的社区形式，为有共同需求的人群提供共享住房。住户可以在公共生活区域进行交流互动，如用餐、沙龙等；也可以扩展到共享工作空间，达到可持续生活的目的。这种集合住宅的居住方式主要面向城市人口过剩和高质量、低价格住房需求等问题。

3. 居住空间设计

（1）基本策略

如今，人们在居住需求上追求多样化的使用功能，室内中一块区域可以同时或是切换成为多种功能区来使用。由原来的大空间转化为小空间与多功能空间。在这样的空间格局内，家庭成员要进行的基本活动包括会客、娱乐、下厨、就餐、休息等。按照不同的功能需求，居住空间的基本功能区可依次分为：休闲娱乐区、餐饮区、休息睡眠区、卫浴区与工作区，还包括贮藏区与收纳区。

居住空间设计没有一个固定的模式，如今人们对空间设计上的需求趋于个性化，设计策略应随之改变。空间分割除了功能适应性之外，还应该具有趣味性与吸引力。空间的分割与重构是室内设计的重要操作，决定设计的品质。需将不同形式的分割与建构方式进行适宜的组合，让人们在居住空间中感受到温暖，满足使用者的情感需求。

直线形态是一切设计的基础，也是最常见的分割形式。传统民居的室内布局、家居陈设采用方形，整体空间的视觉效果都是简练、硬朗的，方形分割可以最大化地对空间进行利用。与直线形态相对应的是曲线形态，曲线形态在室内空间设计中具有丰富的形式，包括圆与弧，能够丰富视觉审美与空间形式。曲线形态具有强有力的包容性，蕴含了丰富的情感。《说文解字》中说：圆，全也。即空间上的圆满、完备，可以将空间中的事物完整聚集，减少由直线造成的尖角，使用者在小空间里可自由走动，活动范围更加饱满。中国传统文化中曲线形式大多存在于园林中，有小中见大之感。将其融入室内空间中可以丰富空间层次，提升空间体验。

（2）案例分析：Buchli别墅

弗里茨·哈勒（Fritz Haller）是20世纪下半叶在工业建筑领域有影响力的瑞士建筑师之一，是现代主义建筑模块化的先驱。他在住宅设计方面的代表作是为瑞士家具制造商USM设计的私宅别墅Buchli。Buchli坐落于倾斜的山坡上，由金属和玻璃构筑而成，俯瞰着阿雷河与阿尔卑斯山旁边的平原。这栋建筑仿佛是弗里茨构想的模块化家具的衍生之作，不仅施工时间短，还易于转换和扩展。直到2000年初，Buchli都被用作私人住宅，后来又被用作办公场所。然而近年来，该建筑物的围护结构和内部都遭受了明显的破坏。在2015年到2019年才对其进行全面的翻新。翻新时保留了建筑原有的结构与外观，同时严格遵循文物保护的标准进行修缮。

起居室和卧室之间没有常规的分隔，也没有带门的房间和可打开的窗户，内部可以通过可移动的模块随时修改空间分布。房屋按照2∶5∶2∶5∶2的比例建在支撑网络上。位于建筑轴线的区域有一个金属螺旋楼梯，下去是一间办公室以及一间带有浴室的客房。二楼有起居室、厨房和三间卧室，宽敞的开放式起居空间延伸到整个建筑物的西南侧，且设有可欣赏山谷景色的阳台。餐厅区域设有一个悬挂式壁炉，强烈的几何造型让它好似一个雕塑。

Buchli别墅如今已向USM的用户开放，既陈列文献和经典产品，也会定期举办展览等活动，这都得益于建筑内部灵巧的模块化规划（图3-34）。

（三）安全与健康

1. 安全

在住宅设计中，安全性首先体现在基本的安全防卫和对自然灾害的抵御上，如抗震、防火、防雷击等要求；进一步则涉及防滑、防磕碰的小尺度措施等。其次，住宅的安全性还应该包含住宅内使用设备的安全可靠，如燃气管道的安装位置及燃气设备安装场所的排风措施，配

图3-34 Buchli别墅

电系统与电气设备的保护措施和装置等。此外，住宅的安全性还表现在室内无障碍设施系统中。例如居室中的多数空间应能满足坐轮椅的进出与回转；厨房空间应能方便操作和取物；卫生间应关注地面的防滑性等。这种功能空间的无障碍性表达了住宅设计对弱势群体的关爱和帮助，是广泛意义上的住宅安全性体现。同时，我们也不能忽视心理安全的构建与保障，也就是安全感，应使居住者在住宅内处处感到安全、舒适、愉悦。安全性不仅需体现在设计师对空间与产品的设计，更包括对操作程序、使用方式、用户体验的设计，它体现了设计实践的新维度。

2. 健康
（1）清晰、明确的功能分区
清晰、明确的功能分区可以减少不同生活场景的干扰与影响，从而保证家庭各个成员的生理健康和私密性要求。功能空间可概括地划分为公共性空间和私密性空间、洁净空间和污染空间、动态空间和静态空间等。在设计过程中需保证这些功能空间能够合理、高效地组织在一起，从而满足生活品质上的舒适和健康。

在住宅功能布局上，一般将起居室、餐厅、厨房等公共活动区域设在住宅外部；而将主次卧室、书房等相对私密的活动区域设在住宅内部，使公共与私密分区明确。与此同时，还要保证洁污分区的明确。一般来说，住宅中的主要污染区是厨房和卫生间，玄关、起居室（客厅）、餐厅和阳台是半污染半洁净区，而卧室和书房则是洁净区。洁污分区的明确保障了住宅空间的卫生和健康，使住宅空间实用和舒适。

（2）适宜的空间尺度
在住宅中，客厅、卧室、厨房、卫生间等功能空间的设置既取决于住户内家庭人口的构成和生活方式，又与人的生理和心理对居住环境的需求密切相关。其尺度取决于必要的设备、设施、家具布置所需的面积，人体活动或操作所需的面积等。在设计过程中应将上述因素进行综合考量、合理组织，求得一个符合居住行为的空间尺度。适宜的空间尺度突显设计者对居住者生理健康的重视和心理愉悦的关怀，功能空间面积过小会显得拥挤，过大会显得空旷，也会丧失家庭的温馨感。因此，尺度的确定需尽可能平衡功能与氛围，营造宜居的优质环境。

（3）注重附属空间

在设计过程中不仅要关注主卧、厨卫等典型功能空间的诸多问题，还要注重对附属空间的综合考量。住宅中如玄关、储藏间、阳台、走廊等空间由于不承担主要功能，可以被理解为相对于典型功能空间的附属空间。玄关作为室内外空间的过渡和缓冲，可以遮挡外部视线，营造私密性；鞋柜、衣帽架、杂物篮等储藏空间，不仅方便更衣，也可存放手套、雨伞等零碎物品，从而满足日常琐碎的收纳需求，提升生活便捷性。储藏空间应根据居室的户型结构、面积大小和结构类型来做整体布局。同时，储藏空间宜分散设置，分类、分区成若干小空间，便于整理与收纳的使用。此外，基础条件较好的居室空间可设置一南一北两个阳台。南向阳台一般为敞开式阳台，可以最大限度地使人与阳光、空气、自然景观亲近，同时方便晾晒衣物；北向阳台一般临近厨房设置，最好能与厨房相连，方便存放食品的同时也有利于厨房的通风和排气。

（四）特殊性满足

1. 适老型空间

老龄化问题是我国发展进程中面临的巨大挑战。我国人口不仅老龄化程度不断加深，同时，65岁以上老龄人口的性别比逐渐失调，表现为随着年龄增长，高龄女性人口的比例不断增加。女性老年人人数与男性老年人人数的差值持续扩大，并且这一态势在世界范围内表现为一种普遍规律。男性和女性的生理构造、心理活动、行为机制等方面有很大差异。一般认为，现代主义以男性思维为主导，追求功能主义和匀质空间，这种匀质化发展忽视了女性的空间需求。老年女性对空间的诉求不同于男性，表现为注重安全感和舒适感以及设计细节等方面（图3-35）。

（1）起居空间

①衣柜：老年女性在衣柜前的最大摸高约1.9m，但考虑到其1.4m的视高，现有衣柜的上部储物空间大部分处于其视觉盲区。由于取用视觉盲区的物品有一定危险，因此建议放置不常取用的物品；当老年女性使用轮椅侧对衣柜时，手臂的最大可触及高度为1.6m左右，舒适操作范围约为1.4m；当老年女性使用轮椅正对衣柜时，手臂可触及范围十分有限。因此，衣架高度建议在1.4m的舒适范围内。在室内家具布局时，衣柜的布置应考虑在流线上可使坐轮椅的老年人从侧面靠近，或柜前留有足够的轮椅回转空间。

②抽屉柜：抽屉柜更方便坐轮椅的老年人使用，但当抽屉位于腰部以下时，取用仍有一定的难度，因此抽屉上沿高度不得低于0.8m。

③床头开关：床头开关的位置应考虑到特殊情况，如老年人处于躺卧状态、无法移动时，仍然要保证其可以触及床头开关（包括警报器）。一般来说，老年女性躺卧状态下的手臂活动范围大致在床面以上高度0.56m以内，床边两侧宽度0.54m以内。

（2）餐厨空间

①吊柜：对于进深为0.4m的吊柜，老年女性直立时的最大摸高为1.9m左右，视高约为1.4m，1.4~1.9m之间手可触及，但存在视觉盲区。因此对于1.4m以上置物架，可考虑缩其进深，或者将置物架隔板换成透明材质，以保证视线可达。吊柜下方若有进深为0.6m左右的灶台，老年女性的最大摸高将下降至1.85m左右，此时吊柜最高点应低于1.85m。

②灶台：若灶台下方轮椅可进入，其手臂的操作范围大约为0.5m，此时坐姿的举手高度约为1.6m。因此建议对于乘坐轮椅的女性老年人，灶台台面进深不宜

图3-35　加拿大蒙特利尔Panorama老年公寓（设计：ACDF Architecture）

大于0.5m，同时餐厨用具不宜挂置于灶台后墙面，宜挂置于侧墙，且高度控制在1.6m以下；若灶台下方轮椅不可进入，其台面以上的可操作空间十分有限，此情况下不建议乘坐轮椅的女性老年人使用明火。

③冰箱：若轮椅正对冰箱，冰箱门侧面处于手臂的舒适操作区间，而冰箱内部的可触及范围十分有限；若轮椅侧对冰箱，此时手臂可伸入冰箱内部大约0.45m。因此，选择冰箱时，冰箱内部进深——即门面板与其相对面的距离应小于0.45m。此外冰箱在室内进行布局时，应考虑可使轮椅从侧面靠近冰箱，开门取物并离开。

（3）卫浴空间

①花洒：老年女性立姿的举手高度约为1.9m，因此淋浴间花洒握把的高度宜控制在1.9m以下，方便老年人洗浴时取用。

②盥洗台：若盥洗台进深为0.6m，其后方置物架老年女性所能触及的最大高度为1.5m左右。因此置物架最高层不宜高于1.5m，并且在盥洗台进深不变的情况下，可适当利用其侧部空间进行置物。

③纸巾盒：卫生间纸巾盒的位置宜控制在坐便器侧前方0.5m以内，以方便取用，舒适范围为0.2m以内。

④浴缸：老年女性利用浴缸洗浴时，坐姿状态下最大摸高为1.2m左右。因此置物架的设置应低于此高度，并考虑坐姿状态的视高和视觉盲区；浴缸水阀（或淋浴开关）的高度应照顾到老年女性坐姿状态下方便使用，不宜高于1m，否则老年女性需要站立才能完成操作（图3-36）。

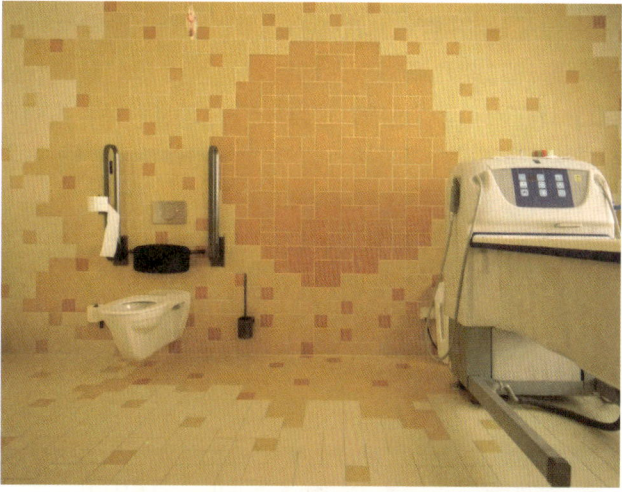

图3-36　奥地利Wilden Kaiser社区型养老院

2. 适幼型空间

社会公认的儿童年龄为0~14岁。考虑到学科特点，本着科研工作服务大众、突出经济性、实用性的理念，本节将儿童居住空间的人体工学研究范围扩展到0~16岁。

（1）儿童居住空间尺度中的人体因素

儿童居住空间规划及各设施尺寸，除了其本身的构造要求外，在一定程度上还与儿童的静态尺寸和动态尺寸密切相关。儿童出于成长发育的原因，其静态和动态尺寸始终处于一个循序增长、不断变化的过程。从婴儿到成人，人的身体与头长之比由4∶1（0周岁）逐步变为5∶1（4周岁左右），再到7∶1（16周岁左右）。与之相应的动态尺寸也逐年增加，活动范围同步扩大。因此以常规通用尺度来研究儿童居住空间显然是违背客观规律的，把握儿童居住空间中的人体因素需要进一步分析其中涉及的儿童身体各尺寸数值变化范围。

①儿童床尺寸中的人体因素：睡眠是保证儿童身体、智力健康发育的重要行为。相关研究表明，新生婴儿适宜睡眠时间可达22小时。随着年龄增长，睡眠时间逐步缩短，但处于身体发育期的儿童阶段睡眠时间也应该保持在10小时以上。选择安全、舒适、健康的床具是儿童居住空间设计中的重要内容。

依据现阶段儿童家具市场现状，可将儿童成长阶段分为0~3岁的幼儿期和4~16岁的成长期两部分进行人因研究。儿童在0~3岁，身高由刚出生时的500mm左右，增至879~1030mm。结合这一时期儿童睡眠活动特点，可得知儿童床长度范围为1200~1300mm，宽度为600~700mm。儿童在0~3岁处于生理依赖期，没有安全防范意识，因此儿童床侧的安全护栏是必不可少的。根据0~3岁儿童的身体特点，护栏顶点至床垫距离应在350~550mm。根据儿童0~3岁头围由刚出生时的340mm，增至3岁时460~520mm的数值变化范围，得出防护栏间隙应在50~60mm，这样既避免了夹卡头部的危险，同时也消除了因间隙太小夹卡手指、胳膊、脚部等安全隐患。

儿童在4~16岁，身体机能逐渐提升，在睡眠过程中会经常出现翻身、蹬腿、挥手等幅度较大的动作。所以，这一阶段儿童床的设计不仅要考虑儿童身体的静态尺寸，还要考虑儿童睡觉时肢体活动所造成动态尺寸和范围。此阶段儿童床的长度应在1850mm，宽度应在850~1050mm，高度可调试范围为400~450mm。如果选择上铺下桌多功能单人床，则应将使用年龄增加至8岁以上。多功能单人床上方应有1100mm左右的空间范围，这是儿童4~16岁坐姿活动的最大高度。此外，床垫对睡眠质量有直接影响，适用于儿童的床垫应避免因过于柔软影响骨骼发育，可选择支撑力较好的材质。

②儿童桌椅尺寸中的人体因素：儿童在4~5周岁时，身体机能较幼儿期有了很大的提升，精力更加充沛，身体免疫力不断增强，活动范围、频率变化显著，智力也处于快速发育期，是启蒙教育的重要阶段。因此，桌、椅等传统文教设备在此时应该被纳入居住空间设计中，以便进行必要的读、写、绘等练习。这些家具应以可调节、具有可持续利用性为原则，满足儿童成长过程中身体尺寸的不断变化（图3-37）。

儿童桌椅的尺寸不仅要考虑人体动态尺寸的影响，还要有助于促进儿童良好习惯的养成。儿童书桌尺寸主要涉及工作台面的高度，而这一尺寸是由儿童坐姿肘点至地面的高度所

图3-37 广州圣果成长园/设计公司：开普俊梦儿童空间设计

决定的。4～5岁儿童"坐姿肘点至地面高度"满足度达95%的测量值为340～470mm。考虑到儿童正处于身体快速发育时期，应预留儿童适度的下肢活动空间，得出4～5岁儿童桌面高度范围为440～580mm。结合16周岁接近成年人的工作台面高，得出儿童4～16岁时期，工作台面高度可调试高度为400～760mm。

儿童座椅尺寸中的人体因素主要包括坐面高度、坐面宽度、坐面深度，分别是由儿童的小腿加足高、坐姿时的臀宽、坐深所决定的。根据相关测量数据得出，4～5岁儿童满足度达95%的"小腿加足高"测量值为220～285mm，"坐姿臀宽"测量值为183～240mm，"坐深"测量值为230～295mm。结合儿童身体活动特点以及成年人常规坐面高度430mm，可以得出儿童4～16岁时期，坐面高度可调试范围应在200～450mm。坐面宽度应遵循从宽的原则，结合儿童4～16岁相关生理特征，坐面宽度不得小于350mm。而坐面深度的确定应注重发育较缓儿童的生理特征及身体活动特点，一般应在300～350mm范围为宜。如果有靠背，坐面与靠背夹角应该在100°左右，以便辅助儿童养成良好的坐姿习惯。

③儿童居住空间中其他设备的人体因素

儿童身体是不断成长变化的,不同年龄对居住空间的需求不尽相同。在对儿童居住空间进行设计时,应遵循儿童的成长规律,突出空间的可变性、可持续性,因人而异,因时而异。

根据不同年龄段儿童的行为特点,在确立墙面收纳设备的高度时应遵循从高到低,再由低到高的规律。在儿童4~5岁时,其上臂举高为1250mm左右。这一阶段的儿童行为具有不可控性,缺乏自我防范意识,所以收纳箱、袋等储物设施应设置在1600mm处。儿童7~8岁时,行为约束能力以及自我认知有所提高,可将上述高度适当降低,以1000~1200mm为最低限。随着年龄的增长,可适当增加其高度以适应人体行为习惯。儿童0~8岁,其卧室内应安装小夜灯,以缓解年幼独处的不安全感。各电器开关应设置在儿童手臂触探范围以内,离地面垂直高度以4岁儿童立姿肩高800~900mm为参照。儿童居住空间内电源插座均要有保护盖,不应裸露在外,根据3~6岁学龄前儿童上臂摸高特点,其高度应在1500mm以上。

儿童居住空间中如有楼梯,必须安装不含横向构建的防护栏杆。栏杆间隙以3~4岁儿童平均头宽为参考,小于110mm,以防造成夹卡伤害。有楼梯井的双跑对返楼梯,当楼梯井宽度大于儿童胸背厚度时,应有防护装置。另外,儿童天性活泼好动,自我防范意识薄弱,在居住空间中应尽量减少玻璃等易碎材质的使用。桌、椅、书柜等家具也应尽量不要采购有直角、锐角等锋利边缘的,应以圆润边角为宜。如果家中有潜在造成儿童跌磕伤害的家具,应做好包裹防护措施。

(2)儿童居住空间舒适度营造

①照明环境:良好的照明环境能够促进儿童身体健康发育,对儿童智力、视力的发展都有积极的作用。影响照明环境的因素有很多,其中包含光通量、发光强度、照度、亮度等光学物理因素以及房屋朝向、楼层高度、门窗开口等空间因素。照明环境光源分为自然光和人造光。自然光(阳光)对人体是有益处的,适量的阳光能促进人体对维生素D、钙、磷的吸收利用,促进骨骼发育。在儿童居室设计中,要尽量对自然光充分利用。在方位选择上,门、窗朝向应以东、南为宜,以满足儿童居室在晴天不少于30分钟的日照时间。人造光是儿童居住空间中对自然光的补充。儿童居室在很大程度上是集休息、学习、游戏等行为于一体的多功能性综合空间。良好的照明环境能够提高儿童活动工效,同时减少不必要的安全隐患。根据儿童的活动特点,其居住空间地面照度应在100~200lx,以均匀照射的暖色光为宜,避免大面积使用多色光,避免使用反射性强的材质,尽量隐藏光源,以免形成眩光影响儿童视力(图3-38)。

②热湿环境:热湿环境是空气的温度、湿度、流速等物理因素共同作用的微气候,是儿童长期接触并与其成长密不可分的先决条件。众所周知,人是恒温动物。当周围环境温度变化时,人通过出汗、寒战、运动、加衣等生理调节或行为调节来维持体温平衡。相对成人来说,儿童新陈代谢较为旺盛,身体产生的单位热能多,体表温度略高,为36.9~37.5℃。但是,儿童体表面积与体重比值较高,容易散热,当外界温度下降,更容易产生冷感,同时血液循环受温度影响大,当天气热时,更容易引起热燥反应。总的来说,儿童体温变化较成人更为剧烈,生理调节水平较低,对环境温度条件要求更高。幼儿期间,室内温度不能低于20℃。随着年龄的增长,儿童身体机能活动加强,室内温度应在15.6~21℃。

图3-38 澳大利亚悉尼NUBO儿童游乐中心/室内设计：Joey Ho；建筑设计：PAL Design；摄影：Michelle Young，Amy Piddington

空气中的干湿指标用湿度衡量。儿童身体对湿度的反应更为敏锐，当空气湿度过低时，儿童呼吸道黏膜干燥，腔面纤毛排污抗菌功能下降，容易诱发呼吸道感染，需要通过人工加湿来达到湿度平衡；当空气湿度过高时，又会造成热湿不调的连锁反应，诱发儿童湿疹，需要经常开窗通风来保持干燥。根据儿童发育变化特点，幼儿时，居住空间的相对湿度应在50%～60%。随着儿童成长，在室外活动量的增加，相对湿度范围可适当扩大到30%～70%。

③声噪环境：在正常生活中，人体听力舒适度范围为50～60dB，儿童居住空间声噪环境标准值为35～45dB。但是，即便是低分贝的声音，只要高频率地出现在生活中，就会形成对人体大有危害的噪声。儿童正处在身心发育的关键时期，长时间受到噪声的侵扰，会对其健康造成巨大影响。尤其是幼儿，因其中枢神经发育尚未健全，噪声会影响大脑发育；噪声还会致使儿童无法进行深度睡眠，从而影响生长激素分泌。长期受噪声影响，会造成儿童听阈位移，进而导致耳聋。噪声在很大程度上也能影响儿童情绪，长此以往，会导致儿童性格狂躁。对噪声进行行之有效的控制，是儿童居住空间规划中的重要内容。首先，儿童居住空间应尽量避免临近噪声源，扼断噪声传播点；其次，可运用隔音棉、减振垫、隔音板等材质做好墙体隔音处理，辅以地毯、隔音窗帘等室内软装；最后，在儿童睡眠或学习时，可用耳塞、耳罩等防护装置为儿童营造安静的环境（图3-39）。

④影响环境舒适度的其他因素：绿色环保是现代建筑装饰极力追求的行业品质，也是儿童居住空间中亟待解决的问题。室内空间中铅、镉、铬等重金属多数来自廉价油漆的使用，而甲醛则主要来自不符合环保标准的板材。甲醛和重金属超标会增加铅汞中毒以及

图3-39 青岛家盒子儿童中心/设计：Crossboundaries

血友病的发生概率，严重威胁儿童的身体健康。基于此，在家具材质方面应尽量选择环保材料，且不过多使用油漆、胶合材质，争取在源头控制污染物的侵入。儿童居室在装饰层面应以尊重儿童喜好为前提，并遵循其心理和视觉特征，形成统一的审美风格，灵活运用色彩心理学营造温馨的空间氛围。整体风格应以舒适、明快为主，不应堆砌繁复的装饰，以免造成儿童注意力分散、视力下降等问题（图3-40）。

二、公共空间

（一）城市公共活动与空间

自20世纪90年代开始，人们真正开始对城市中人因价值的关注，体现在人性化的尺度、混合的功能、承载公共活动的公共空间营造等方面。"宜居性"自2000年开始成为城市与建筑领域的主流。营造健康、舒适的人居环境成为新时代城市人因工程学的出发点，实现了由理性科学至现代"人本"的转变与回归。

在广义的层面上，公共空间被理解为街巷、建筑物、广场、人行道等空间，以及所有被视为已建成环境的组成部分。公共活动也相应被理解为所有发生在建筑空间中的事情，

图3-40　美国洛杉矶Brella公司公共空间/儿童活动中心设计

如社交、读书、办公等大型公共空间承载的常规活动，也包括坐歇、站立、步行、骑自行车等日常琐碎行为。以上皆是公众踏入公共场域便可观察到的、正在发生的事情。因此，城市活动可以被理解为在城市公共空间中开展的复杂多样并且真实存在的活动。评判公共空间是否有活力，关键要看在这里能否发生更加综合、多元的活动类型。此处的"多元"指的是有多种性质的活动。扬.盖尔将其分为"必要性活动""自发性活动"和"社会性活动"。

"必要性活动"指的是诸如上下班、上学、购物、等车等几乎每天都要发生的活动。如果每天通勤途经的只是一条停满机动车的街道，行人必然会选择匆匆赶路，不会发生任何交流活动。所谓大城市的死气沉沉正是这样的景象。反之，假如你穿过的是一条繁华热闹的步行街，情况便截然不同。路边坐满了在这里聊天、喝咖啡的人们，甚至可以与熟人打声招呼……这段路程与其说是回家，不如说是在散步，于是它便从"必要性活动"转变为了"自发性活动"。特殊的场域引发了公众的兴趣，使人们主动参与其中。

如果你足够幸运，在这条街上总能碰见一位优雅的女士，坐在街角喝咖啡，默默地望着夕阳落山，你对此非常好奇，终于有一天上前搭讪，相谈甚欢，互相留下联系方式，并约好次日一起用餐，如此这般，"自发性活动"就成功被激发为"连锁性活动"，也称"社会性活动"。

一个充满活力的城市公共环境不能只有"必要性活动"，而是要通过"自发性活动"，激发出更多元的"社会性活动"。我们每天的日常活动存在层级关系，"必要性活动"是最低一级的，"社会性活动"是最高一级的，高级别的活动越多，城市也就越有活力。而处在中间位置的"自发性活动"无疑起到了枢纽作用。

(二）功能空间

1. 文化空间

在万物互联的语境下，文化将成为未来城市公共生活的主题。作为城市公共文化生活的载体，文化空间是城市公共空间的重要组成部分，它是"城市空间架构的文化维度和高级的表现形式"，不仅强调空间的文化性，而且突出空间的公共性。同时它塑造着我们的集体情感与共同记忆，以文博空间、艺术空间、教育空间的载体呈现。

案例：上海艺术新地标——浦东美术馆

浦东美术馆由2008年普利兹克奖的获得者让·努维尔（Jean Nouvel）设计。不同于设计师以往有些疯狂的、具有张力的作品，浦东美术馆更像是一个克制而理性、宁静而含蓄的空间。

浦东美术馆的总建筑面积为39,724m²，地下两层主要为地库及辅助空间，而13个展厅则分布在地上四层空间中。丰富而节制的空间层次在浦东美术馆中得到了最大程度的体现，库藏区被放置在美术馆中央，围绕着库藏区，常规展厅均被布置在建筑的外侧，因而可以最大程度地利用自然光、保证通风。最引人注目的大体量空间是贯通地下一层至地上四层的中央展厅。其基底是17m×17m的正方形，高度为34.4m，恰约为长度的二倍；在底面一角设置了升降台，最高可以升至地上一层。中央展厅通透的设计方式使它可以在每一层都被看到。同时观赏的角度不同，会触发不同的观感。如果观者在低位，仰视眼前的巨幅画作会产生异常宏大的视觉冲击；而如果身处顶层，诸如挂画的机械吊钩、角度精确的顶部射灯这类细节会清晰可见。

在建筑朝向外滩的一面是美术馆标志性的展示空间——镜厅，镜厅分为两部分，位于二层的镜厅基底为长53m、宽5.2m，净高6m；而跨越三、四两层的镜厅基底与前者相同，但通高约11m。这两处空间最大的特色是安置了整面高反光的LED屏幕，其设计概念来自艺术家杜尚在其作品《大玻璃》中所提出的"第四维度"，即时间维度的探索。因此镜厅空间极具复合性：本身是两个狭长的展示空间，可以布置装置艺术，背后的LED屏幕可以用来展示多媒体作品；而在没有作品展示的时候，高透的镜面将倒映出黄浦江对岸外滩的景象。

此外，设计团队在建筑外立面的开窗设计上利用精确细腻的框景手法将室外景致引入室内。有时是在展厅上端布一道狭长的缝隙，保证没有天光直射作品，但在某个角度不经意抬头一看，可以望见天边一片云朵缓缓飘过；有时是设计一个像取景器一般的极为方正的开窗，向外望去，"领地"内的喷泉就处于窗户的正中央；最精妙的是面向东方明珠一侧的竖向细长开口，恰好可以将东方明珠以黄金比例框在窗口，而在约上午11点时，东方明珠恰有灯光的变幻，一道赤霞洒进美术馆中，将整个走道点染成绚丽温暖的氛围。而在建筑内部，由于空间的交错衔接丰富，在某个角度常常有"窥视"的乐趣，当人们沿着观展流线或伫立或穿行时，会被另一个空间的观者捕捉到，就成了一幅或灵动或静默的图景。

该案例充分体现了设计师对"常规"的突破，这种突破更多是向内的思考：从外部看，浦东美术馆作为在浦东沿江一线的文化新地标，不必过于"抢眼"，但是充分考虑到与周边环境的连接性，创造出了与原生场域的和谐；从内部看，浦东美术馆是承载艺术作品的空间，也不必让空间本身抢了艺术品的风头。设计师并不过分强调具体的设计手法，而是以尊重基地文化的态度去设计（图3-41）。

2. 办公空间

除了以高层写字楼为载体的传统办公空间，近年来一、二线城市中共享办公空间逐渐显露锋芒。共享办公空间也被称为联合办公空间、创客空间或众创空间，指主要面向小型企业和自由职业者出租短期办公空间。来自不同公司的个人在同一办公空间中共享办公环境，独立完成各自项目，可以降低办公成本。共享办公的宗旨是为不同的办公机构提供零距离交流的自由空间，让办公者共同享受"空间、服务、社群"的全新体验。

案例：纽约WeWork联合办公+零售空间

WeWork尝试在人流密集的区域开展一种按需模式，

图3-41　浦东美术馆

进而推出了一个名为"Made By We"的新型办公空间（图3-42）。空间内配备100个可预定的工位以及6间可容纳4至10人的会议室。无须注册WeWork会员也可通过官网即时预定，按分钟支付租金。此外，"Made By We"还划分出一块零售区域，展示并售卖来自WeWork会员企业的产品，包括服饰、电子产品、生活用具等在内的数百件商品。同时还配备一个餐饮区域，为用户提供咖啡和简餐。该空间功能灵活、分区合理，无论是个人还是团队，均可满足工作所需。零售区与餐饮区灵活地融入空间中，也为使用者营造了舒适、开放、活跃的互动氛围。空间内大面积采用白色乳胶漆墙面，并以色彩缤纷的家具与配饰装点。"Made By We"不仅是一个集办公、休闲、零售为一体的复合空间，还可理解为一个展厅，一个促进交流的开放平台。这种管理策略与设计手段体现了目前联合办公空间的发展趋势。

3. 商业空间

商业空间涉及一些概念："商圈"是指零售企业的经营活动与顾客的消费行为在空间上直接或间接重叠而

图3-42 纽约WeWork联合办公+零售空间

形成的一种动态空间范围;"商业中心"在西方经济学中被定义为由商店共同组成的综合体,它由经营各种品种商品的大型商店组成,并通过一定的小型专业商店、综合服务场所和停车场进行补充;"主题商业综合体"是一种转型期出现的基于商业规划不成熟和消费增长、需求增长现状的过渡阶段的商业形态。

城市商业空间是以空间的物质属性为视角界定的一种城市空间类型。随着社会的发展,商业已由最初的交换行为发展成为一种服务行为,而城市商业空间的内涵也在不断丰富。如今,城市商业空间不仅指与商业活动有关的城市空间,也包括由商业活动衍生的商务、娱乐、休闲等活动发生的场所和空间。

案例:老佛爷百货香榭丽舍店

老佛爷百货新店位于巴黎香榭丽舍大道,由比亚克·英厄尔斯建筑事务所(BIG)设计,设计定位是创建一个世界领先的时尚、美食和生活方式的品牌百货公司,以及一个与周边城市紧密相关的新型混合零售模式。该商业空间与传统的体验式购物中心有着明显的差异,对这座历史建筑的敬意贯穿始终。人们漫步在高大的如画廊般的空间里体验到的不仅是消费行为带来的刺激,还有诗意的历史叙事(图3-43)。

购物者可以通过街道上的反向天篷进入大楼。一座发光的桥梁将人们带入建筑中心:一个由巨大的玻璃圆顶覆盖的圆形中庭,使室内最大限度地拥有阳光。一楼的空

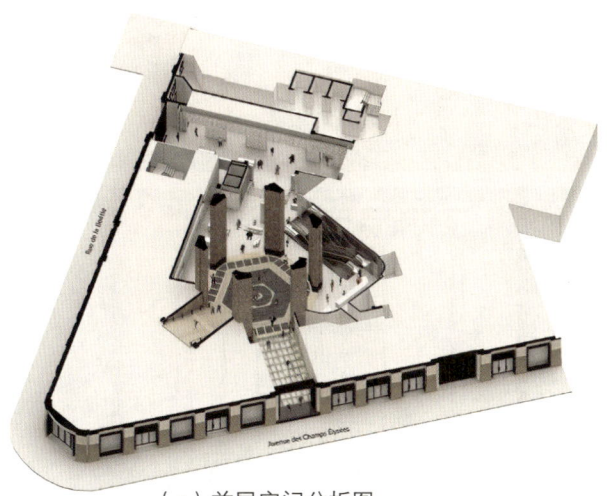

(a)首层空间分析图

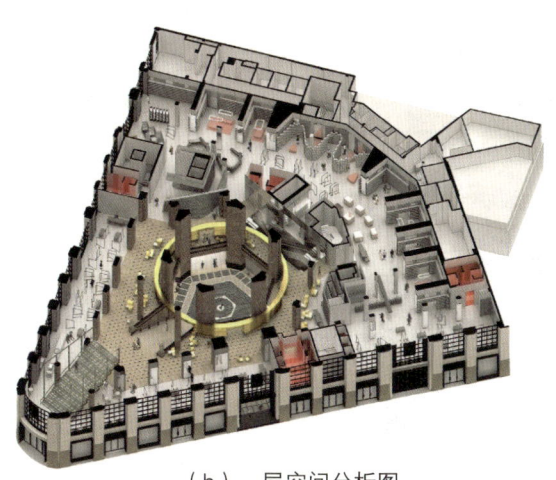

(b)一层空间分析图

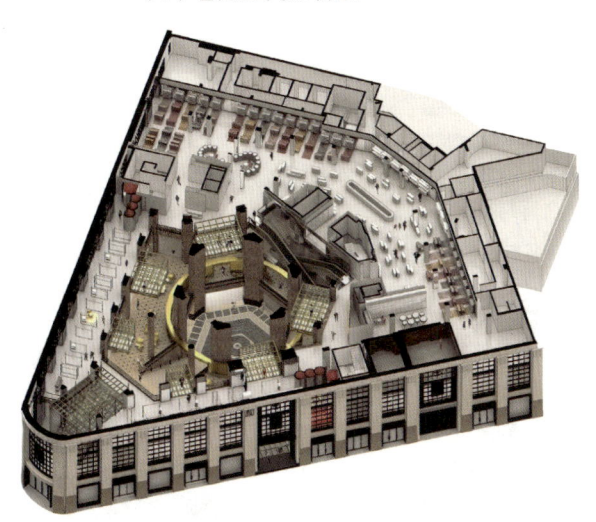

(c)二层空间分析图

(d)建筑外部实景

图3-43 老佛爷百货新店空间分析图及外部实景

间既能举办品牌活动和时装秀,还能组织一些节日庆祝活动。活动期间,中庭中的大型楼梯不仅能够兼作礼堂,还能将游客带到一楼的综合用途空间,这里被创意和新兴品牌店、牛仔布实验室、珠宝展示厅、限量版运动鞋和科技产品展示厅占据。连续的金色环形穿孔金属环绕柱子,创造了一系列面向中庭的房间和壁龛。老佛爷百货不仅在香榭丽舍大街开设了一家新的百货商店,而且为巴黎人开辟了一个新的城市空间(图3-44)。

"当我们开始继承这个不可思议的来自1932年的空间时,大部分漂亮的材料和装饰艺术元素都被涂成黑色的干墙所覆盖,天窗也被薄板石遮蔽,与外部的联系也消失了。我们在改造时专注于建筑的核心,保留了所有珍贵的材料和精致的细节,将它们保留在了画廊般的空间中。天花板的高度和充足的阳光也衬托出了历史建筑的原始品质,"BIG建筑事务所合伙人Jakob Sand说道。

图3-44　老佛爷百货香榭丽舍店

4. 餐饮空间

餐饮空间的定义不仅限于解决基本饮食需求，在消费升级趋势下已经逐渐上升为满足人们温饱之后的精神场所。餐饮空间作为大众休闲社交的场所很早就出现了，其设计的发展也较为成熟。如今，设计考究的体验式餐饮空间迅速占领了一、二线城市的公共场所。体验式餐饮空间设计不仅仅是室内空间基本功能和美观形式的体现，更多的是要从食客的需求出发，深入研究，并且赋予空间新的设计语言。

案例分析：开设于法国巴黎的意大利Papi餐厅是2020年8月完工的作品。设计初衷是从建筑本身讲述巴黎的历史与物质文化。餐厅位于一座典型的19世纪晚期奥斯曼建筑内。旧有的墙体涂层被小心翼翼地拆除了，古老的砖石墙面被完整地展现出来，如同时间和历史所留下的烙印。餐厅内部的砖墙、钢柱和混凝柱都被保留了下来，融入整体设计之中。入口处的部分旧石材暴露在外，原来的工字钢梁在得以保留的同时，也将餐厅立面与旧建筑相融。这栋奥斯曼建筑的每一处细节都刻录了巴黎不同时期的历史印记，成了设计背后美丽而难忘的画布背景。

在仅52m²的空间内，设计师大胆地置入了一个椭圆形结构，构建了一个圆形剧场。所有的功能区都纳入其中，包括用餐座位、厨师料理台、屏幕以及烧木柴的传统烤炉。环形结构以厚桦木板为框，表面覆以圆柱形白瓷砖，大面积的凿空开窗为客人提供了座椅空间。环形内部的地面则采用了长条形白瓷砖。进入时，客人犹如从观众席步入剧场舞台的表演者。餐厅中央放置着一张公共长桌，定制的长条形吊灯悬挂于上。一旁古老的石灰岩墙上静置着现代感的系列灯具，形成了新与旧的鲜明对比。

立面的钢框玻璃移门使街道和餐厅之间保持了视觉连接，并有效地将公共领域延伸到了室内。镜子的巧妙放置则为空间创造了一个动态的视角，过往行人与餐厅客人通过这一视角有了不经意的眼神交流。在这具有历史感的氛围里，空间和材料上的设计与运用丰富了视觉的层次，为客人提供了内外不同的体验感受（图3-45）。

（三）交通空间

1. 国内城市公共交通无障碍设计

城市公共交通空间主要指城市道路，包括人行道、过街天桥、过街地道、立体交叉的人行道等。

人行道的路缘石设计，为人行道与机动车行道进行了区域划分，明确安全通行区域；不同的铺砖为行人设计出防滑的道路及满足轮椅通行的平滑道路；盲道的设计帮助盲人辨别方向，红绿灯路口的音响系统通过不同的音乐提示给盲人不同的信息，辅助其安全通行；人行道与车行道过渡处常设平缓坡道，或是坡道与阶梯相结合的形式，道路与建筑出入口间也常设无障碍坡道。天桥通常设计成阶梯与坡道的结合，坡度较陡的还设有扶手电梯，过街地道通常只有阶梯，少数设有坡道。

（1）人行道

人行道在交叉路口、街坊路口、单位出入口、广场出入口、人行横道及桥梁、隧道、立体

图3-45　Papi餐厅

交叉范围等行人通行位置，通行线路存在立缘石高差的地方，均应设缘石坡道。当缘石坡道顺着人行道路的方向布置时，采用全宽式单面坡缘石坡道最为方便。其他类型的缘石坡道，如三面坡缘石坡道等可根据具体情况有选择性地采用（图3-46）。

（2）盲道

在城市主要商业街、步行街的人行道及视觉障碍者集中区域（指视觉障碍者人数占该区域人数比例1.5%以上的区域，如盲人学校、盲人工厂、医院等）的人行道需设置盲道，协助盲人通过盲

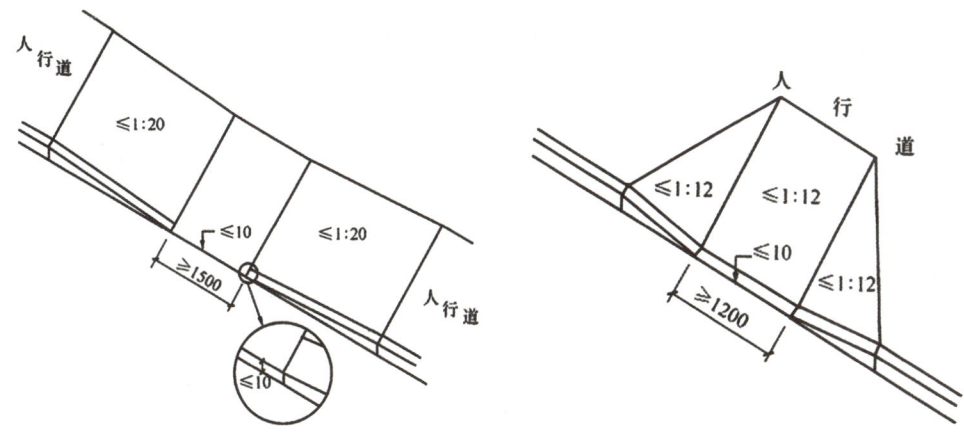

图3-46 人行道路缘石

杖和脚感的触觉,方便安全地行走。行进盲道应能指引视觉障碍者安全行走和顺利到达无障碍设施的位置,呈条状;提示盲道能告知视觉障碍者前方路线的空间环境将发生变化,如起点、终点及拐弯处,呈圆点形(图3-47)。

(3)人行天桥及地道

在人行天桥及地道应设置提示盲道,尽可能设置坡道或无障碍电梯(图3-48~图3-50)。

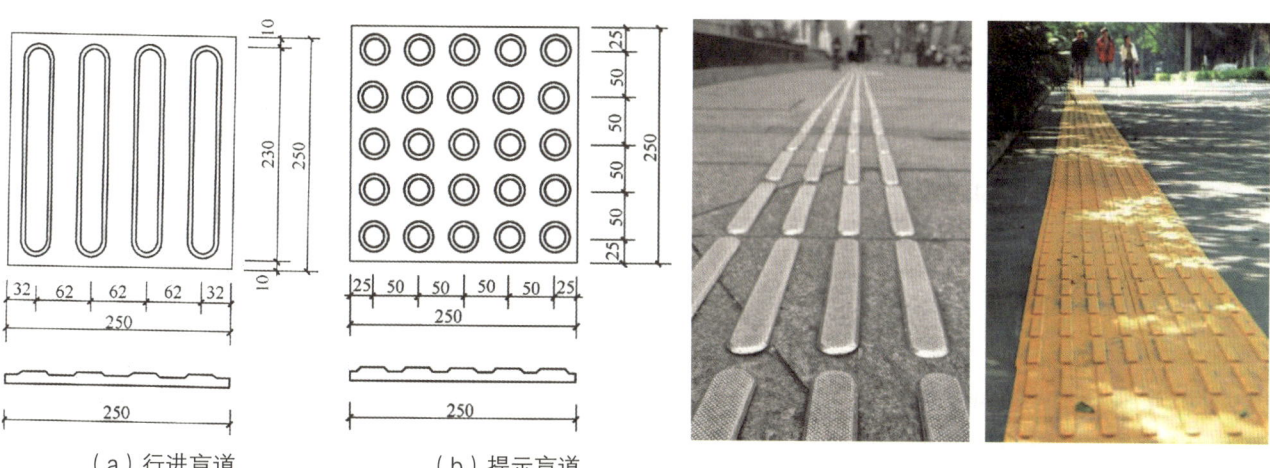

(a)行进盲道　　　　(b)提示盲道

图3-47 盲道

图3-48 过街天桥

图3-49 过街天桥增设垂直电梯,方便老人通行

第二节 类型空间设计

图3-50 香港中环天桥

（4）公交车站

当公交车站设在车道之间的分隔带上时，为了使行动不便的人穿越非机动车道，安全地到达分隔带上的公交候车站，应在穿行处设置缘石坡道。为给视觉障碍者提供信息，需要在候车站范围设置提示盲道和盲文站牌，在城市主要道路和居住区的公交车站，应安装盲文站牌或有声服务设施（图3-51）。

（5）无障碍标识系统

应在无障碍设计地点显著位置上安装无障碍标志牌。同时，标志牌应反映一定区域范围内的无障碍设施分布情况。

2. 国内案例分析

（1）深圳智慧道路——侨香路

该案例全线提升和改造慢行系统，做到行人与非机动车分离，并保持自行车道的全线连续。本次道路改造进行"多杆合一"试点，且采用智能化管理系统，智慧路灯、智能控制系统以及道路管理平台的建设，将使侨香路完工以后的交通管理更加智能化。在部分过街路段将实现"车多放车、人多放人"的感应控制，更好地提升行人夜间过街的安全性（图3-52）。

①"多杆合一"路灯能自动调节亮度：道路率先试点安装智慧路灯，实现了"多杆合一"，即把路面的路灯杆、机动车信号杆、电子警察杆、交通指示牌等尽量整合起来。整合后，侨香路上杆件总体数量减少32%，其中小型标志杆和监控杆减少65%。这条道路上的"智慧路灯"可利用安装的单灯控制器实现单灯控制、亮度自动调节、故障和损坏自动报警。这样一来，就可以通过网络计算机管理，控制开关灯时间、调节照明亮度等，还可以通过后台生成路灯状况寿命表格，方便及时更换，从而实现节能和管理的提效。

图3-51 世界上第一个3D打印公交站（位于上海金山区枫泾镇）

图3-52 深圳智慧道路——侨香路

②感应和检测系统实现路口"车多放车，人多放人"：侨香路上的智慧路灯都预留了5G基站的安装空间，为未来车路协同、智能驾驶打下基础。在深国投广场、侨香村等人流密集的公共区域的灯杆上，安装了20多套设备，将来能够为市民提供免费无线Wi-Fi连接服务；在大型社区出入口、公交站附近，借助路灯杆设置行人信息屏，还可动态发布路况、交通设施服务信息、城市应急信息等。

此外，侨香路全线覆盖了感应器，可通过广域雷达监测车流量，可以知道每段路、每个路口，有多少车在排队，车行速度是多少。在香蜜地铁站和香蜜立交两个路口，还试点安装了行人检测器，可以感应路口车辆及行人"排队"长度，动态调整信号灯配时，实现"车多放车，人多放人"。目前这套系统仍在调试阶段。

③AI视频识别动态监测路面病害智慧道路管理平台已建成。依托安装在智慧灯杆上的可360°旋转的高清摄像头，以及AI视频识别技术等，可实现后台对侨香路路面交通的动态监测和历史回访，准确采集车流、车型、人流等信息，掌握重点车辆在道路上的分布情况，为交通优化提供数据基础；也可以准确识别路面是否存在裂缝、坑洼等问题，路段是否积水等，从而提高道路管养的精细化水平。此外，该平台还具备在线推演功能，可为城市交通管理与应急响应提供解决方案。

（2）湖南常德老西门

在湖南常德老西门项目中，葫芦口区域的设计以当地居民常见的"四水归堂"建筑庭院为灵感，利用竖向高差创造了下沉水院这一特殊的景观形式，同时运用现代景观的手法再现了窨子屋四水归堂的记忆场景。在旧有场地和空间布局中融入了伴随新型生活方式产生的现代城市元素，让场地焕发了新的生机与活力。一些老街区承载着丰富多样的历史渊源与集体记忆。设计不仅要让街道是交通空间，更要使街区文化得以呈现和延续，让保护与发展共存，使场所精神融入街景设计中（图3-53）。

（3）上海新天地

位于上海市黄浦区的新天地，过去是成片的石库门旧式住宅区，浓缩了上海石库门建筑文化，凝聚着老上海人的城市生活记忆。由石库门建筑群改造的上海新天地，成为上海市乃至全国历史风貌保护开发的经典案例。对石库门建筑的保护与改造，主要采用了"存表去里"的方式，即保留建筑外观和外部环境，对内部进行全面更新，以适应新的使用功能。这种保留建筑外表，改变内部结构与使用功能的做法，类似欧洲城市旧建筑改造的方法，当时在国内尚属首例（图3-54）。

新天地项目坚持历史风貌保护与区域功能重塑、产业转型升级的高度融合，为推动城市更新探索了新的路径。从倡导以餐饮娱乐和酒吧文化为核心的"全新

图3-53 湖南常德老西门项目葫芦口区域

图3-54 上海新天地街景

夜生活方式",到打造完整社交空间的"城市的会客厅",再到融合娱乐、时尚、美学、社交、商业多元素的"城市公共艺术空间"等,持续开展的商业业态调整和文化创意活动,激活了历史街区的活力和魅力,让新天地成为上海市"商旅文"融合发展的城市名片。

3. 国外设计案例

（1）城市街道

①澳大利亚悉尼帕丁顿街区。帕丁顿是排列着维多利亚式联排住宅的古老住宅区,现在面积达162公顷,其历史可追溯至1804年。帕丁顿街区最初为简朴的乔治安式建筑,随后很快就变成了华丽的维多利亚式。今天,这条街区已经成为艺术家和知识分子青睐的街区。所谓联排住宅,就是具有共用墙壁的长条形住宅。此街区在狭长用地上建造的多为两层住宅,在正面阳台上装饰着精美的铸铁栏杆,是维多利亚时代的典型样式。

该地区的道路宽度平均为10m以上,建筑高度与道路宽度之比为1:1.5,空间关系呈现宽泛、明快之感。这些在狭窄地段上建造的房屋,用地毫不浪费且室内相当舒适,利用小庭院带来了季节感,装饰性的铁栏杆千变万化。每段用地从3.5m宽开始,至其数倍,形式不一,但相同的进深使漂亮的联排住宅看起来非常和谐（图3-55）。

②意大利街道。在意大利,街道和广场一直铺装到建筑的外墙根,与建筑之间没有刻意的过渡空间,划分街道与建筑的墙壁内外表面也无多大差别,不同之处只在于是否有屋顶覆盖。这表明意大利建筑的内部空间与街道这样的外部空间并无太大差别,无论是形式还是功能。

意大利的街道和广场没有种植树木,地面常施以美丽纹样的铺装,如室内地毯般铺遍各个角落,完全是人工的城市空间。另外,因建筑内部是砖石结构,是

图3-55　帕丁顿住宅区

以铺装面作为地面。墙壁用砖石砌筑，内外墙也大体一样。内外空间的本质区别在于屋顶。意大利铺装的历史相当悠久，若从内外空间近似的观点来说，外部空间的铺装也是必不可少的条件。意大利的街道和广场对当地人来说是生活的场所，一视同仁地使用住宅内部和外部是意大利人的日常生活（图3-56~图3-58）。

③全球自行车友好城市——丹麦哥本哈根。在丹麦，自行车早已成为人们日常生活的一部分。这里有超

图3-56　纳沃纳广场

图3-57　Osteria Margutta餐厅

图3-58　罗马人民广场

过62%的居民以自行车作为上班通勤或上学的交通工具；城市居民每天加起来的骑行里程高达144万千米，相当于环绕地球31次。丹麦人的生活方式和基础设施建设、城市规划形成了互相促进的良性循环。基础设施完备，骑车出行方便，自然会吸引更多人加入，而适用群体的增加同时也促进"自行车型"城市设计的发展（图3-59）。

为了减少机动车对骑行的干扰，哥本哈根的自行车道均涂上鲜亮的颜色，部分车道还做了抬高处理。除了共用道路外，自行车还享有专用的道路，在这些"高速公路"上，机动车被禁止上路，步行也同样受限。哥本哈根的自行车道设有双向车道，并在路口处划分为左转、右转及直行道。为了体现对骑行者的友好，许多路口配备了自行车独立信号灯，并给予至少4s的信号优先；同时，部分自行车流量大的道路还设有自行车计数器，以便骑行者更好地规划路线，避免拥堵（图3-60）。

在欧洲的许多城市，携带自行车乘坐火车及城市轻轨十分常见，因此车厢内均设有专门停放自行车的空间；市区的摆渡船同样允许骑行者带自行车乘坐。从20世纪80年代起，哥本哈根政府每年都会减少2%的机动车停车位，为自行车停放腾出更多空间；街边各式的自行车停泊处也为骑行者提供了方便，双层甚至多层的自行车专用停车场更是避免了类似国内共享单车随处停放的乱象。此外，统一明快的自行车交通标识系统、十字路口专为骑行者暂停设置的倾斜脚踏板与栏杆，以及专为骑行者设置的倾斜垃圾桶……这些一个个微小的细节体现了设计者对骑行者的关注，大大提升了自行车出行的便利性与幸福感（图3-61、图3-62）。

另一方面，丹麦政府早在2008年就发起了"I Bike CPH"计划，并设计了一款类似"I love NYC"的logo，以鲜明统一的视觉符号占据了城市街道。除了鼓励人们践行骑车出行之外，这也是哥本哈根政

图3-59 丹麦哥本哈根街头

图3-60 哥本哈根彩色的自行车专用道

图3-61　左：车厢中停放自行车的位置；右：自行车道人性化装置设计

图3-62　左：自行车专用信号灯；右：利用率高的自行车停放处

府以自行车为桥梁与居民建立紧密联系的一次"有温度"的尝试。"I Bike CPH"计划不仅在街道上塑造了统一的视觉象征，也发行了贴纸、T恤、环保袋等周边衍生产品。同时为了提升居民作为"骑行者"的责任意识，正如机动车司机需要通过道路安全考试、学习沟通解决交通纠纷一样，政府还专门建立了线上社交论坛。至今，"I Bike CPH"依然在持续推进。无论本地或外地的骑行者都可以通过"I Bike CPH"的手机端App随时了解并规划最便捷的骑行线路，选择专门的自行车道，避开机动车流量大的车道或旧城区的鹅卵石、砖块路面。

此外，在过去的几年中，自行车道路网络的建设始终是哥本哈根城市规划的重点。12座自行车桥连接着市内不同的街区。2017年起修建的主要自行车桥梁，在每个行驶方向上都拥有5.5m宽的车道，每日能容纳超过22000名骑行者。在更广阔的城区内，市政府以2060万欧元的投资兴建了超过167km的8条新线路。这些道路不仅是车道，也是一个更适宜骑行的基础设施系统，包括路标、照明、简易维修站、限速系统等，同时骑行者改乘火车或城市轻轨的换乘站也设计得非常合理。

纵观丹麦全境，已经建成和正在建设的自行车高速公路将日德兰半岛上的城市连成一个有机的整体，将哥本哈根的自行车文化带到各处（图3-63）。

（2）公交站

"存在之站"（Station of Being）位于瑞典于默奥大学校园中心，是一种新型公交车站，专为寒冷地区使用而设计，能够将不太舒适的候车体验转变为一种舒适而有趣的经历。设计团队打造了一个融合了灯光和声音的"智能屋顶"，在巴士进站前的20s，车站就会发出声响，并且天花板和地面上会出现光影，这使得乘客们不必再紧盯着公交车，他们能够保持轻松的状态，直到被车站"叫醒"。诸如此类颠覆传统公交站功能与形式的案例不胜枚举，为使用者提供了更丰富的体验（图3-64~图3-67）。

（3）盲道系统

日本盲道的规划布局科学合理，使用规范，细节考究，为盲人出行提供了生活便利与人文关怀。在日

图3-63 "I Bike CPH"计划的LOGO及应用

图3-64 存在之站

图3-65 北卡罗来纳州罗利公交站

图3-66 欧罗巴广场凉亭式车站

图3-67 鹿特丹粉色公交站

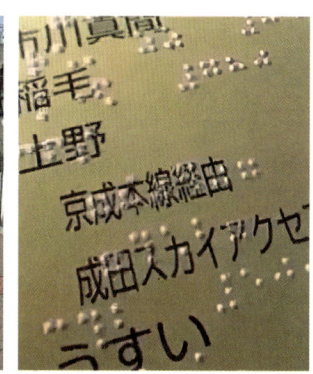

图3-68 日本盲道

本，不会有车辆、摊位、行人占据盲道，剥夺盲人行走的权利；盲道会把盲人实实在在地引导至斑马线上，并继续指引盲人的前行；过马路时，红灯和绿灯会发出不同的提示音，盲人或者行动不便者只要按下街边的按钮，绿灯时间就会从9s延长至32s；盲人出行途经与接触的界面上均设置了盲文和语音提示，可以自行完成买票等一系列操作（图3-68）。

（四）无障碍设计

无障碍设计最开始在建筑领域中使用，强调应对建筑环境进行必要的改造，为广大残疾人的使用提供方便。1950年，丹麦人卡·麦克逊提出了正常化原则的理念，主张应创造合适的环境和条件，使身心障碍者能在社区中与普通人一起生活，提高他们参与社会生活和与人交流的能力，达到社会整合的目的。20世纪60年代，世界第一个无障碍设计标准在美国诞生。

无障碍设计的初衷是为残疾人出行和参与社会生活提供方便，消除其在信息、移动和操作上的障碍，使他们能平等参与社会生活。无障碍设计的出发点是善意的，但本质上还是对少数人群进行了区别对待。对于残障者来说，独立、平等、有尊严的生活是其根本诉求。

作为一种创新设计理念，无障碍设计更多的是考虑在公共空间中特殊人群的实际需求，通过优化设计理念、增加相关装置设施等手段，使其能够享受到与正常人同样的服务。针对建筑空间与服务内容的差异性等，公共空间无障碍设计应遵循基本原则与方法，以较大限度地保证特殊人群的基本需求，为其营造安全、舒适的社会公共环境。

1. 目标人群

无障碍设计的目标人群主要分三类：残障人群、老人、儿童。残障人群可粗略分为肢体残疾人群和视听残疾人群。根据世界卫生组织的定义，残疾是一个总称，包括损伤、活动受限及参与的限制。损伤是身体功能或结构方面的问题；活动受限是人在执行任务或行动时遇到的困难；而参与的限制是参与个人生活时遇到的问题。残疾不仅仅是一个健康问题。它是一种复杂现象，反映了人体特征与他或她所生活的社会特征之间的互动关系。

残疾作为一种生存状态,人们也许会在人生历程的某个阶段暂时或永久地受到身体损伤的影响,而那些寿命长的人也会经历身体功能逐渐退化的过程。大多数家庭都有行动不便的家庭成员,而非残疾人也会负责支持和照顾身患残疾的朋友和家人。每个时代都面临这样的议题:如何更好地包容和帮助身患残疾的人,这是个政治议题,也是个道德问题。在今后,随着社会人口结构的改变和人类平均寿命的增长,这个议题也会变得更加紧迫。

肢体残疾人群由于行动不便,对空间中出现的障碍能自主发现但无法自主克服,需要他人或器械的协助;视听残疾人群对空间中出现的障碍无法及时发现,行动有延后性易发生意外。老年人行动迟缓,出行时间比较固定且方式单一,出行更多的是满足个人的生活及精神需要。儿童的行为具有多样性和随机性,在面对危险障碍时判断不准确等都增加了其在公共活动中的潜在危险。

2. 设计原则

(1) 满足人体特性

"人体"的概念已不再是达·芬奇或柯布西耶式的单一"完美"人体范本,而是多样化的"不完美"人体的样本合集。无障碍设计须从最不利于人体的样本数据出发来进行决策,以保证所得的结果为尽量多的人提供便利。例如,2018年完成扩建的、由库珀·罗伯逊建筑事务所设计的圣路易斯拱门博物馆扩建部分,以肢体残疾人体为参照体系,以"通用设计"的核心原则为基础渗透至栏杆扶手到卫生间的所有设计细节,为游客和员工提供平等、高效的使用方式(图3-69)。

(2) 关注物理空间细节

空间的品质取决于空间细节。当这种细节是无障碍设计时,多数人都会认为这更倾向于对错,并非好坏,更不涉及创造性的讨论。而当代都市生活实践告诉我们,高质量的无障碍设计绝不是粗浅的对错,

图3-69 圣路易斯拱门博物馆

图3-70 科瑟穆斯岛无障碍度假村

而是充满了对人性化体验的想象，甚至被赋予了创造性。例如，由AART事务所设计的位于丹麦科瑟穆斯岛上的无障碍度假村就是在无障碍设计领域的例证。这一洋溢着乐观主义的项目是残障人士度假、参加会议与交往的理想场域。在空间的每一个细微之处，无障碍的基本功能空间要素——卫生间、坡道、电梯、卧室的所有相关细部都得到了完备呈现。

不仅如此，在其运动与集会空间里，残障人士的体能与竞技技巧还可得到各种运动项目的激发。通过充满着活力的设计方式实现：不仅存在于水平的界面，如平台等，也存在于垂直的界面，如为轮椅者使用的攀岩墙。这一建筑尚且不能对新的无障碍设计标准进行定义，但至少它拓展了新型无障碍设计的想象边界（图3-70）。

第三节　空间品质综合评价

一、功效评价POE

（一）POE概述

POE（Post-Occupancy Evaluation：居住后评价）表现为：对处于经过设计的居住环境中的居住者（个人、集团、机构）进行动态效果（技能的、心理的）验证。对"居住者进行动态效果"调查是将居住后生活运作的实际场景作为对象进行评价。POE是对建筑环境与居住者两个方面获取科学、系统的反馈信息的一种办法，所获得的成果，就其应用的时间长短，反映不同的目的和作用。POE起源于欧美，在20世纪70年代被广泛重视，在80年代进入应用阶段。

（二）POE的相关要素（图3-71）

（1）作业者特性：工作者的年龄、性别、分担任务等个人的或集团的特性。
（2）作业特性：工作者作业的种类、频度、持续时间等工作量与内容的要素。
（3）环境特性：可通过物理手段测定与评价的声、光、热、空气等环境特性。
（4）装置特性：经设备、家具、装饰等作为物质存在的环境与空间构成的要素。

（三）POE的测定

1. 物理测定

像距离、尺度、个数，使用比较简单的工具就可以测定；对照度、噪声、温度、湿度、空气污染等的测定需要使用测量仪器；对室内设置、景观等的测定则要借助于录像、摄影设备。

2. 心理测定

心理测定可以采取面对面采访和不见面听取记录的方法询问被采访者的要求、满意度、评价；也可以用问卷法、通信法；还可以利用语言反应形式，例如心像图，观察形形色色的状态，对各种记录进行分析等。

二、健康性评价与舒适性评价

（一）健康建筑——WELL标准

自20世纪90年代开始，随着世界卫生组织正式提出健康建筑概念（表3-1）及健康住宅的15项标准，"健康住宅-健康城市"的研究实践已成为国际社会的基本共识。在2000年于荷兰举行的健康建筑国际年会上，健康建筑被定义为一种营造建筑室内环境的方式，不仅包括温度、湿度、空气品质等物理测量值，还包括环境色调、工作满意度、人际关系等主观心理因子。

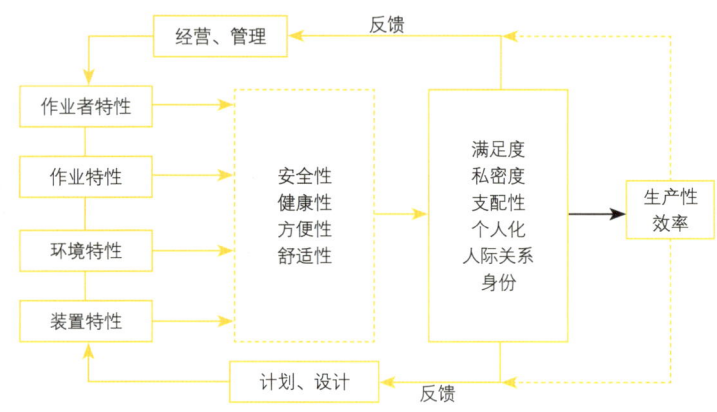

图3-71　POE相关要素

表3-1　　　　健康建筑的溯源（作者自绘）

时间	事件	内容
1939年	《雅典宪章》	提出现代城市应解决好居住、工作、交通等问题开始
1981年	《华沙宣言》	指出建筑学应进入环境健康时代，建筑界开始将研究的目光转移到"居住与健康"上
20世纪80年代中期	J·拉乌洛克完成了著述《盖娅：地球生命的新视点》	盖娅是古希腊神话中的大地女神，盖娅式的建筑是舒适和健康的场所，盖娅住区宪章提出设计三原则：为星球和谐而设计、为精神平和而设计、为身体健康而设计
20世纪90年代	病态建筑综合征爆发	室内空气品质（Indoor Air Quality, IAQ）及健康建筑成为研究热点。这一时期的健康建筑主要关注各类建筑材料释放的挥发性有机化合物（Volatile Organic Compound, VOC）对人类健康的影响
	世界卫生组织提出了健康建筑的概念以及健康住宅的15项标准	提出"健康住宅"就是指"能使居住者在身体上、精神上、社会上完全处于良好状态的住宅。"健康住宅-健康城市"的研究实践已成为国际社会的基本共识
	国家健康住宅中心	美国于1992年设立了国家健康住宅中心
	日本推行健康住宅	日本建设省出版了《健康住宅宣言》和《环境共生住宅》指导住宅的建设与技术开发
	瑞典、丹麦、芬兰、冰岛、挪威等北欧国家制定建材标准	在建材方面制定了严格的标准，实施了统一的北欧环境标志，包括住宅在内的环保产品都须经过专项认证

WELL健康建筑标准（简称WELL）是全球第一个专注于改善人体健康与福祉的建筑标准，"以人为本"是WELL的基本理念。经过六年的研发，WELL试行版于2014年首次全球发布，第一次系统性地全面阐述了建筑环境和人类健康与福祉的关联。作为WELL的管理机构，国际WELL建筑研究院（IWBI）亦不断发展和完善该标准，使其更具前瞻性和实践性。2015年9月WELL v1问世，2018年5月WELL v2试行版发布，WELL标准从七大概念晋升为十大概念。2020年9月，经过两年试行并认真采纳全球WELL使用者及专家建议，WELL v2在全球启用。

WELL基于多年医学研究成果，建立人体常见疾病及生理系统与建筑环境之间的内在联系，共制定了100项条款，全面覆盖了人类日常生活的行为轨迹，围绕十个与人体健康息息相关的概念，对建筑物进行性能度量、设计策略和管理政策引导，即：空气、水、营养、光、运动、热舒适、声环境、材料、精神、社区。这些概念均基于大量科学研究提炼出相对应的学科领域、健康目标、条款意图和得分要求。WELL的主要特点在于，以人体健康和建成环境的关系为核心，将健康相关的科学和医学研究与建筑设计、运营和管理相结合（图3-72）。

（二）健康建筑——中国相关标准

20世纪90年代，随着我国住宅商品化的蓬勃发展，健康建筑（住宅）的研究应运而生；1999年，国家住宅工程中心联合建筑学、生理学、卫生学、医学、体育学和社会学、心理学等方面的专家，开始就居住

图3-72　WELL健康建筑标准指标分析图（作者自绘）

与健康问题开展研究；2017年3月至2019年12月，我国健康建筑标识评价工作由中国城市科学研究会推进，在此期间共53个项目获得了健康建筑标识，含建筑320栋，总建筑面积500万平方米，惠及用户人数20余万。项目所在地有北京、上海、江苏、广东、天津、浙江等13个省/直辖市。

中国于2017年实施的《健康建筑评价标准》将健康建筑定义为：在满足建筑功能的基础上，为人们提供更加健康的环境、设施和服务，促进人们身心健康，实现健康性能提升的建筑（表3-2）。

表3-2　我国相关成果-标准汇总表（作者自绘）

中国健康建筑（住宅）相关标准及出版物		
年份	标准名称	备注
2001	《健康住宅建设技术要点》	
2002	《健康住宅建设技术要点》	2002修订版
2004	《健康住宅建设技术要点》	2004修订版
2005	《健康住宅建设技术规程》	CECS 179—2005
2009	《健康住宅建设技术规程》	CECS 179—2009
2013	《住宅健康性能评价体系》	
2016	《住宅健康性能评价标准》	征求意见稿
2016	《健康住宅评价标准》	上一标准更名
2016	《健康建筑评价标准》	T/ASC 02—2016
2020	《健康社区评价标准》	T/CECS650-2020、T/CSUS01-2020

（三）健康建筑与人体工程学的系统关联

21世纪以来的城市、建筑理论更多地从公共健康角度入手，健康建筑是建筑尺度下出现的主动式健康设计思想，与新时代城市人体工程学在发展脉络、内容、主旨方面存在着对应性和耦合性，人本思想的关注与回归构成了二者内涵关联的核心。

健康建筑与城市人体工程学的关系可以从人因与城市两个维度进行认识。其一，两者皆基于人因并不断拓展与丰富人性化内涵建设。新时代人体工程学回归人本的思想使人的需求再次受到关注，在空间塑造的人性化维度从人体解剖学、生理学、心理学等因素，对人、机、环境之间的相互作用，工作效率、人的健康、安全和舒适等方面进行综合研究；同时，不断深化的健康建筑内涵也并不局限于营造有利于身体健康的建筑物理环境，还包括公众与个体心理与精神需求的建设。其二，人体工程学的发展脉络紧随时代进程，经由经验人体工程学、科学人体工程学演变至现代人体工程学，进而拓展形成城市人体工程学。当今意义上的健康城市源于1986年世界卫生组织关于健康城市和乡村的倡议，渥太华宪章表明"健康城市是人们在日常生活、学习、工作、娱乐和爱的环境中创造和生活的场所"。城市人体工程学作为一门新兴的学科领域，力求面向城市与建筑最大限度地寻求公众与个体适好性。健康建筑的内涵正是基于城市人体工程学在建筑空间维度的深化。同时，健康建筑作为一种营造高品质人居环境的方法，基于人性化维度通过人体工程学途径呈现，是对人因有力的回应。

三、其他评价指标

1. 生理需求的环境因素

生理需求的环境因素包括：①进餐设施、化妆室、供热水室；②室内空气质量项目——微生物、病原菌、变态反应原等；③业余工作时的空调运转；④方便身体障碍者的设计考虑。

2. 安全需求的环境因素

安全需求的环境因素包括：①火灾以及地震等受灾情况下的安全；②漏雨、冷冻机器的漏水与结露；③触电、漏电、煤气泄漏时的安全。

3. 圆满人际关系需求的环境因素

圆满人际关系需求的环境因素包括：①工作场所的人际关系；②居住者在工作单位的所处地位或收入。

4. 实现自我需求的环境因素

实现自我需求的环境因素包括：①工作现场单位间信息传递体系的效率；②将来机构变更时建筑的可变性；③室内播放电波时接受的可能性；④工作的内容与量。

参考文献

[1] 郭黎明,郎智惠,刘辉,等. 人因工程学研究进展及热点领域知识图谱[J]. 中国公共安全(学术版),2019(4).

[2] 扬·盖尔. 人性化的城市[M]. 欧阳文,徐哲文,译. 北京:中国建筑工业出版社,2010.

[3] MAO P, QI J, TAN Y, et al. An Examination of Factors Affecting Healthy Building: An Empirical Study in East China[J]. Journal of Cleaner Production, 2017, 162: 1266-1274.

[4] 孟冲. 国内健康建筑的评价和认证[J]. 建设科技,2017(2):60-62.

[5] ALLEN J G, MACNAUGHTON P, LAURENT J G C, et al. Green Buildings and Health[J]. Current Environmental Health Reports, 2015, 2(3): 250-258.

[6] POTRČO T, KUNIČ R, JORDAN S, et al. Comparison of Health and WellBeing Aspects in Building Certification Schemes[J]. Sustainability, 2019, 11(9): 2616.

[7] 曾珊珊,郭娅,蔡建奇. 面向健康光环境的生物机理研究、标准及应用探讨[J]. 建筑技艺,2020(5):62-65.

[8] 黄滢滢,林怡,戴奇. 节律健康照明的光谱和照明设计优化[J]. 照明工程学报,2019,30(6):11-17.

[9] 李伟,严永红. 教室光环境对学生情绪的影响研究[J]. 照明工程学报,2020,31(3):157-164.

[10] 吕荣丰,姜芹,张莹,等. 人体工程学[M]. 重庆:重庆大学出版社,2014.

[11] 李维立,曹祥哲. 人机工程学[M]. 北京:人民邮电出版社,2017.

[12] 刘盛璜. 人体工程学与室内设计[M]. 北京:中国建筑工业出版社,2004.

[13] 张月. 室内人体工程学[M]. 北京:中国建筑工业出版社,2012.

[14] ACOSTA I, CAMPANO M A, LESLIE R, et al. Day lighting design for healthy environments: Analysis of educational spaces for optimal circadian stimulus[J]. Solar Energy, 2019, 193(15): 584-596.

[15] 安东尼·邓恩,菲奥娜·雷比. 思辨一切:设计、虚构与社会梦想[M]. 张黎,译. 南京:江苏凤凰美术出版社,2017.

[16] 楚小庆. 大众消费还是精英设计?——索特萨斯20世纪50至80年代的产品设计取向[J]. 装饰,2013(3):70-71.

[17] 张黎. 虚构的价值:思辨设计的美学政治与未来诗学[J]. 文艺理论研究,2019,39(6):152-160.

[18] Anthony. Dunne, Fiona. Raby, Speculative Everything-Design, Fiction, and Social Dreaming, MIT Press: 2013.

后记
POSTSCRIPT

本次教材的编写工作自 2019 年开始筹划，历经多次修改调整，至今终于出版，历时多年，感慨良多。

配合国家"四新"建设和"双万计划"，出版社对本次教材编写的起点和定位提出了更高的要求。作为建筑学、环境设计和工业设计等专业的核心课和必修课，长期以来人体工程学课程受到各高校的高度重视，不断推进课程的内容创新和教学方法改革。改革的措施体现在核心知识的优化，新观念新知识与新方法的融入和前沿教学手段的引入三个方面。教材编写组基于 10 余年的课程教学实践，借助多项国家质量工程及省校教改项目的支持，长期从事课程的教学改革。紧跟时代发展，不断完善教学内容体系，融合各类优质线上资源；以学生为中心，以专业素养和能力提升为重点，注重设计实践的融合，用心打造课程和讲义教材。我校建筑学、工业设计、环境设计三个专业均获批国家一流专业建设点，《人体工程学》获批国家一流课程，形成了"一流专业""一流课程"引领"一流教材"建设，"一流教材"建设支撑"一流专业""一流课程"的良性发展局面和改革路径，确保了本教材的编写工作高效率、高质量完成。

本教材在充分调研了同类经典教材之精华的基础上，在编写总体定位、内容体系、教材形态、图文编排方面尽可能做到了创新与优化，在第二章基础理论部分体现得尤为明显，创新引入了"绿色""健康"的设计理念，加入了代表性的新型案例，使内容更加充实有趣。略感遗憾的是第三章第二节的"居住空间"小节，由于图片源的问题有若干盛行于 20 世纪 80 年代的欧洲先锋建筑团体作品资料有所删减，没有完整呈现给读者，若有机会再版一定尽力完善；此外，第三章的"家具、部品设计"限于篇幅与整体架构平衡性的综合考量，删掉了对经典中式家具更为翔实的阐述和已经绘制完成的图表，无疑成为本次编写过程中的遗憾之处。为了稍加补救，我们在附加的电子资源中加入了针对宋代家具陈设之美的图像学解读内容，供大家参考。

以上种种皆为笔者在编写过程中的琐碎心得，肺腑之言。感谢中国轻工业出版社的编辑老师，每一次沟通都不厌其烦地提出修改意见，把控编写质量，为本教材的顺利出版保驾护航；感谢编写团队中的佘卓霖、刘黛君、田曦幡等学生成员，承担了大部分图表的绘制工作；感谢我校环境设计专业的各位同仁，提供了课程相关资料辅助教材的编写工作……

本教材虽历经多年打磨，内容上仍有不当之处，还请读者海涵，欢迎广大师生朋友提出建议，这也是我们继续提高完善的目标和动力。最后，真诚地希望这本教材真正发挥出应有的价值，为授课教师提供清晰的教学参考，为相关专业学生及广大爱好者的专业基础学习引路、助力。

编者